Naturwissenschaftliche Einführungen im <u>dtv</u>

Herausgegeben von Olaf Benzinger

Uta Bilow, geboren 1964, studierte Chemie in Bonn. Nach der Promotion 1994 auf dem Gebiet der anorganischen Chemie wechselte sie ins journalistische Fach und schreibt für zahlreiche Medien, darunter die ›Frankfurter Allgemeine Zeitung‹, die ›Neue Zürcher Zeitung‹ und den ›Deutschlandfunk‹. Uta Bilow lebt und arbeitet in Dresden.

Auf der Spur der Elemente

Einführung in die Chemie

Von
Uta Bilow

Mit Schwarzweißabbildungen von
Nadine Schnyder

Deutscher Taschenbuch Verlag

Ein Überblick über die gesamte Reihe findet sich am Ende des Bandes.

Originalausgabe
April 1999
© Deutscher Taschenbuch Verlag GmbH & Co. KG, München
Umschlagkonzept: Balk & Brumshagen
Umschlagfoto: © Oscar Burriel,
Science Photo Library/FOCUS, Hamburg
Redaktion und Satz: Lektyre Verlagsbüro
Olaf Benzinger, Germering
Druck und Bindung: C. H. Beck'sche Buchdruckerei, Nördlingen
Gedruckt auf säurefreiem, chlorfrei gebleichtem Papier
Printed in Germany · ISBN 3-423-33040-6

Inhalt

Vorbemerkung des Herausgebers

Die Anzahl aller naturwissenschaftlichen und technischen Veröffentlichungen allein der Jahre 1996 und 1997 hat die Summe der entsprechenden Schriften sämtlicher Gelehrter der Welt vom Anfang schriftlicher Übertragung bis zum Zweiten Weltkrieg übertroffen. Diese gewaltige Menge an Wissen schüchtert nicht nur den Laien ein, auch der Experte verliert selbst in seiner eigenen Disziplin den Überblick. Wie kann vor diesem Hintergrund noch entschieden werden, welches Wissen sinnvoll ist, wie es weitergegeben werden soll und welche Konsequenzen es für uns alle hat? Denn gerade die Naturwissenschaften sprechen Lebensbereiche an, die uns – wenn wir es auch nicht immer merken – tagtäglich betreffen.

Die Reihe ›Naturwissenschaftliche Einführungen im dtv‹ hat es sich zum Ziel gesetzt, als Wegweiser durch die wichtigsten Fachrichtungen der naturwissenschaftlichen und technischen Forschung zu leiten. Im Mittelpunkt der allgemeinverständlichen Darstellung stehen die grundlegenden und entscheidenden Kenntnisse und Theorien, auf Detailwissen wird bewußt und konsequent verzichtet.

Als Autorinnen und Autoren zeichnen hervorragende Wissenschaftspublizisten verantwortlich, deren Tagesgeschäft die populäre Vermittlung komplizierter Inhalte ist. Ich danke jeder und jedem einzelnen von ihnen für die von allen gezeigte bereitwillige und konstruktive Mitarbeit an diesem Projekt.

Verglichen mit der Physik oder der Astronomie ist die Chemie eine vergleichsweise junge Frucht am Baum der Naturwissenschaften. Uta Bilow zeigt in diesem Buch, wie die Forscher schrittweise die Strukturen und den Aufbau der Körper offenlegen konnten und wie sie die Eigenschaften der Elemente und ihrer Verbindungen immer genauer erkannten: von den frühen antiken Naturphilosophen über Robert Boyle, Antoine Lavoisier, Justus von Liebig oder Dimitrij Mendelejew und Julius Lothar Meyer bis hin in die Gegenwart der chemischen High-Tech-Labors. Bei diesem beeindruckenden Entwicklungsprozeß hat sich die Chemie allerdings nicht nur Freunde gemacht – sie wird zuweilen geradezu als Synonym für umweltgefährdende Forschung aufgefaßt, der Stempel »Ohne Chemie« als Prädikat etwa für besonders reine Lebensmittel. Daß dabei aber auch in der Natur nichts ohne Chemie geht, wird bei solch holzschnittartigen Bewertungen gerne übersehen. Uta Bilow klärt auf. Sie beschreibt auf sehr verständliche und nachvollziehbare Weise die zentralen Erkenntnisse, die wichtigsten Methoden und die hauptsächlichen Forschungsfelder der Chemie, und sie diskutiert frei von ideologischen Scheuklappen Chancen und auch Risiken dieser naturwissenschaftlichen Disziplin.

Olaf Benzinger

Eine runde Sache – Die Entdeckung von Fullerenen

An einem Abend im September 1985 verabschiedeten sich an der Rice University im texanischen Houston fünf Männer voneinander. Mit gemeinsamen Überlegungen kamen sie im Moment nicht weiter, daher wollte jeder einzelne des Teams – drei Professoren und zwei Doktoranden – auf seine Weise nach der Lösung des Rätsels suchen. Bei hohen Temperaturen hatten sie mit einem energiereichen Laserstrahl Graphit verdampft, jene Form von Kohlenstoff, in der sich die Atome zu ebenen Schichten anordnen, die wie Bienenwaben aussehen. Dabei war immer wieder dieses rätselhaft stabile Fragment aus genau sechzig Kohlenstoffatomen entstanden. Wenn die Sechsecke aus den Kohlenstoffwaben des Graphits auch beim Aufbau des unbekannten Gebildes eine Rolle spielten, warum wuchsen die Waben dann nicht weiter? Wie konnten sich sechzig Kohlenstoffatome zu einem stabilen Fragment arrangieren?

James Heath, einer der beiden Doktoranden, besorgte sich sechzig Geleebonbons und versuchte gemeinsam mit seiner Frau Carmen, sie mit Zahnstochern zu dem gesuchten Fragment zu verknüpfen. Doch neben zerstochenen Fingern blieb den beiden nur die Erkenntnis, daß aneinandergefügte Sechsecke eine ebene Schicht ergeben, die an den Rändern immer weiterwachsen kann. Erst wenn die Ränder irgendwie blockiert werden, stoppt das Wachstum. Das ist aber nur möglich, wenn sich die Fläche wölbt und zu einem Käfig schließt. Die sechzig Kohlenstoffatome mußten demnach einen Körper mit einer geschlossenen Hülle bilden.

Harold Kroto, der aus England angereiste Chemieprofessor, erinnerte sich an die Bauten des Architekten Buckminster Fuller. Fuller errichtete den amerikanischen Pavillon auf der Weltausstellung von 1967: eine riesige Kuppel, die aus verschiedenen Vielecken zusammengesetzt war. Ebenso entsann Kroto sich eines Bausatzes aus Pappe, einer Sternenkarte seiner Kinder. Das Set hatte nicht nur Sechsecke, sondern auch Fünfecke enthalten und ergab eine gewölbte Himmelskuppel. Offensichtlich konnte sich ein Netz aus Sechsecken krümmen, wenn andere Flächen eingebaut wurden. Doch nach welchem Muster waren bei dem Körper aus Kohlenstoff die verschiedenen Vielecke miteinander verknüpft?

Der Gastgeber des Forschungsteams an der Rice University war Richard Smalley. Er lieh sich aus der Bibliothek ein Buch über die Arbeiten Buckminster Fullers und vertiefte sich darin. Später am Abend saß er mit Sechsecken aus Pappe sowie Klebeband da und versuchte, den Körper zu konstruieren. Schließlich erinnerte er sich an Krotos Anregung und ließ auch Fünfecke in seinem Bauwerk zu. Da war es auf einmal ganz leicht: An die Kanten eines Fünfecks fügte Smalley fünf Sechsecke, deren Kanten wiederum aneinanderstießen. So formte sich bereits eine flache Schale. Er setzte weitere Pappflächen an und erhielt eine Halbkugel, von denen er zwei zu einem kugelförmigen Körper zusammenbaute. Dieser bestand aus zwölf Fünfecken und zwanzig Sechsecken und sah einem Fußball mit seinen schwarzen und weißen Lederflicken zum Verwechseln ähnlich. Insgesamt zeigte der »runde« Körper sechzig Ecken. Dies mußten die sechzig Kohlenstoffatome des gesuchten Fragments sein! In jener Nacht hielt Smalley zum ersten Mal bewußt ein Modell des Moleküls in der Hand, das er später gemeinsam mit seinen Kollegen auf den Namen Buckminsterfulleren taufte. Obwohl es noch keinerlei Beweis für dieses Arrangement der Atome zu einer Kugel gab, waren die Forscher von ihrer Idee überzeugt. Nur mit diesem Modell

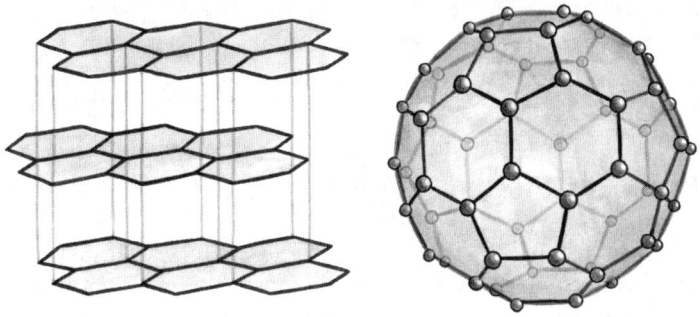

Links: Graphit besteht aus übereinandergestapelten ausgedehnten Schichten, die aus Kohlenstoff-Sechsecken aufgebaut sind.
Rechts: Buckminsterfulleren setzt sich aus sechzig Kohlenstoffatomen zusammen. Ein Molekül enthält zwanzig Sechsecke sowie zwölf Fünfecke.

ließen sich ihre Versuchsergebnisse erklären. Und sie behielten recht. Elf Jahre später, im Dezember 1996, sollten Harold Kroto, Richard Smalley sowie der ebenfalls an den Experimenten beteiligte Chemieprofessor Robert Curl in Stockholm den Chemienobelpreis für ihre bahnbrechenden Arbeiten in Empfang nehmen.

Die Veröffentlichung von Kroto, Heath, Sean O´Brien – dem zweiten Doktoranden im Team –, Curl und Smalley, die im November 1985 in dem namhaften Wissenschaftsmagazin ›Nature‹ erschien, markiert den eigentlichen Startpunkt der Fullerenforschung und trat eine wahre Lawine von Forschungsarbeiten los. Alles stürzte sich auf den Kohlenstoffball. Zwar konnten Curl, Kroto und Smalley nur vergleichsweise wenige Moleküle von Buckminsterfulleren herstellen, doch unter den Wissenschaftlern herrschte eine gewisse Goldgräberstimmung. Rund 750 Publikationen über Fullerene, die zwischen 1985 und 1990 erschienen, zeugen davon. Schließlich war etwas äußerst Spektakuläres gefunden worden: reiner Kohlenstoff, den man bis dahin nur in den Erscheinungsformen Diamant und Graphit kannte, bildete offensichtlich noch weitere Formen. In seinem heißen Dampf vereinigen sich spontan exakt sechzig Kohlenstoffatome. War dies schon außerhalb jeglicher Erwartung, überraschte der ungewöhnliche Aufbau des kugelrunden Käfigs noch mehr.

Dabei hatten zuvor vermutlich schon mehrere andere Forscher Fullerene hergestellt oder in irgendeiner Weise eine Spur davon gesehen, so auch die beiden Physiker Wolfgang Krätschmer vom Max-Planck-Institut für Kernphysik in Heidelberg sowie Donald Huffman von der University of Arizona in Tucson. Bereits im Herbst 1982 hatten sie Graphit in einer Lichtbogenapparatur unter Heliumgas verdampft und den entstandenen Ruß untersucht, indem sie ermittelten, wie dieser ultraviolettes Licht absorbierte. Dabei zeigten die Proben der beiden Physiker Unregelmäßigkeiten, die sie »Kamelhöcker« nannten: Aus dem üblichen Absorptionsspektrum ragten immer mal wieder zwei große Berge heraus. Krätschmer und Huffman hatten damals keine schlüssige Erklärung für diese Kamelhöcker.

Erst 1988, drei Jahre nach der Entdeckung der Fullerene, kam Huffman der Gedanke, daß auch *seine* Proben – jene »Kamelproben« – Buckminsterfulleren-Moleküle enthalten haben könnten. Daraufhin nahmen Krätschmer und er die Zusammenarbeit wieder auf und experimentierten erneut mit ihrer speziellen Apparatur. Schließlich erreichten sie, daß sie Kamelproben gezielt herstellen konnten. Diese analysierten die Heidelberger mit der sogenannten Infrarot-Spektroskopie. Das Ergebnis der Untersuchung deckte sich mit den Werten, die aufgrund theoretischer Berechnungen für das kugelrunde Fußballmolekül vorhergesagt worden waren. Demnach entstand Buckminsterfulleren auch aus Graphitelektroden, die im Lichtbogen verdampft wurden. Und zwar in weitaus größeren Mengen als mit der Laserverdampfung von Smalley!

Doch bis Krätschmer und Huffman das ersehnte Material in Reinstform in den Händen halten konnten, verging noch einige Zeit. Lange wußten sie nicht, wie sie die Substanz aus dem Ruß isolieren sollten, der bei der Graphitverdampfung anfiel. Erst im Mai 1990 gelang ihnen dies: Tropfte man das Lösungsmittel Benzol auf den Ruß, färbte sich die Flüssigkeit rot. Etwas war also aus dem Ruß herausgelöst worden. Ließ man anschließend aus der filtrierten Lösung das Benzol wieder verdampfen, blieben bräunlich-gelbe Kristalle zurück: reines Buckminsterfulleren. Die Menge genügte für eine weitere Untersuchung, die sogenannte Röntgenstrukturanalyse. Als Ergebnis dieser Analyse wußten Krätschmer und Huffman, daß die kleinen Kristalle aus kugelförmigen Molekülen mit einem Durchmesser von etwa einem Nanometer zusammengesetzt waren. Das paßte genau zum Steckbrief von Buckminsterfulleren.

Im September 1990 erschien die Veröffentlichung von Kratschmer und Huffman – wiederum in ›Nature‹ –, die vielen anderen Arbeitsgruppen auf der Welt den Weg zeigte, wie man mit einer vergleichsweise simplen Versuchsanordnung die begehrte Substanz erhalten konnte. Seitdem ist viel mit den kleinen Kohlenstoffkugeln experimentiert worden. Man hat getestet, ob sie sich als molekulares Gleitmittel oder als Transportmoleküle eignen und ob sie besondere elektrische oder magnetische Eigenschaften aufweisen. Buckminsterfulleren wurde mit Gastatomen gefüllt und an seiner Außenseite vielfach chemisch verändert. Die Ergebnisse dieser Untersuchungen kamen jedoch in ihrer Brisanz niemals der Entdeckung der Fullerene selbst nahe.

Chemie ganz von vorne

Es begann mit Alchimie

»Der verbreitete Glaube an das jugendliche Alter der Chemie ist ein Irrtum, welcher zufälligen Umständen seine Entstehung verdankt; sie gehört zu den ältesten Wissenschaften.« Diese Einschätzung Justus von Liebigs mag viele verblüffen, denn die Gesetzmäßigkeiten der Chemie wurden erst in den letzten vier Jahrhunderten entdeckt. Doch chemische Kenntnisse und Fertigkeiten halfen bereits in prähistorischen Zeiten, Nahrung, Kleidung sowie Unterkunft zu sichern und zu verschönern. Etwa vor 8000 Jahren begannen die Menschen nach und nach mit der Gewinnung von Gebrauchsmetallen wie Blei, Kupfer, Gold, Silber, Zinn und Eisen sowie der Legierungen Bronze und Messing aus Erzen. Welch große Bedeutung die Verfügbarkeit von Metallen für die Menschheit hatte, findet Ausdruck in der Kennzeichnung der historischen Epochen in Form von Materialzeiten: Kupfer-, Bronze- und Eisenzeit. Auch benutzte man schon im alten Ägypten zum Färben bestimmte Pigmente wie das blaue Mineral Lapislazuli, das heute, um es vielseitiger verwenden zu können, chemisch synthetisiert und modifiziert wird.

Gegenüber diesen Epochen, in denen man zwar chemisches Wissen anwandte, jedoch nicht weitergehend analysierte, ist die Antike charakterisiert durch den Wandel vom religiös-mythischen zum rationalen Denken. Der Naturphilosoph Empedokles (5. Jahrhundert vor Christus) führte wohl die erste chemische Analyse durch. Aufgrund seiner Beobachtungen bei der Verbrennung von Holz dachte er sich alle materiellen Stoffe bestehend aus vier Grundstoffen: Feuer, Wasser, Luft und Erde. Deren unterschiedlicher Anteil sollte die Verschiedenartigkeit der Materialien ausmachen. Von Demokrit wurde etwa zur selben Zeit der Begriff »Atom« eingeführt, wenngleich es keinerlei experimentellen Beweis für die Existenz von Atomen gab. Demokrit verstand unter Atomen unteilbare Teilchen, die sich in Gestalt und Größe voneinander unterscheiden und die als Gemisch die stoffliche Welt ergeben. Aristoteles (384 – 322 vor Christus) stellte eine Elementdefinition auf, die man erst nahezu 2000 Jahre später belegen konnte: »Alles ist entweder Element oder setzt sich aus Elementen zusammen.« Allerdings begründete er auch den lange währenden Irrglauben, daß sich alle Stoffe prinzipiell ineinander umwandeln lassen. Ungezählte Alchimisten haben seither vergeblich nach dem »Stein der Weisen« gesucht, mit dessen Hilfe unedle Metalle in Gold oder Silber verwandelt werden sollten. Diese Betätigungen mußten – wie wir heute wissen – erfolglos bleiben, haben jedoch auch ihr Gutes gehabt. Die Laborpraxis entwickelte sich durch neue Geräte und experimentelle Techniken stetig weiter, und nicht zuletzt die erstmalige Herstellung von Porzellan in Europa (1708) war Resultat der vergeblichen Bemühungen des Alchimisten Johann Friedrich Böttger (1682 – 1719), Gold herzustellen.

Neben diesen Arbeiten konzentrierte sich das alchimische Handwerk im Mittelalter und in der frühen Neuzeit auf die Gewinnung von tierischen und pflanzlichen Duftstoffen sowie Farbstoffen wie Purpur, Henna oder Indigo sowie auf die Herstellung von Glas und Baustoffen. Wichtige Impulse erhielt die Chemie während der Industrialisierung aus dem sich rasch entwickelnden Berg- und Hüttenwesen.

Über Jahrtausende hinweg mehrte sich das empirische Wissen der Chemie, das theoretische Defizit blieb jedoch bis ins 17. Jahrhundert hinein bestehen. Mit den Arbeiten von Robert Boyle (1627 – 1691) setzte endlich die Wende ein. Er definierte den Begriff »Element« auf neue Weise – als eine Substanz, die bei einer chemischen Veränderung immer an Gewicht zunimmt – und forderte die Forscher dazu auf, nach den Grundstoffen zu suchen, die mit chemischen Methoden nicht mehr weiter zerlegbar waren. Tatsächlich widmeten sich die Chemiker verstärkt der Präparation und Beschreibung reiner Verbindungen und ihrer Zerlegungen in die Elemente.

Im Zuge dieser Arbeiten entwickelte der Arzt und Chemiker Georg Ernst Stahl (1659 – 1734) auf der Suche nach der Ursache für bestimmte metallurgische Reaktionen die sogenannte »Phlogiston-Theorie«: 1702 formulierte er das Prinzip, wonach jeder brennbare Stoff Phlogiston enthält. Dieses sollte die einheitliche Ursache für Verbrennungsvorgänge und Fäulnisprozesse sein. Nach Stahls Theorie bestanden Metalle aus »Metallkalk« sowie Phlogiston. Beim Erhitzen entwich letzteres, der zurückbleibende Metallkalk (in Wirklichkeit Metalloxid) konnte durch phlogistonhaltige Holzkohle wieder in Metall verwandelt werden. Stahl deutete also die Reaktion mit Sauerstoff, die Oxidation, als Phlogistonverlust. Umgekehrt sah er die Reduktion, also die Abgabe von Sauerstoff, als Aufnahme von Phlogiston an. Der Einwand, daß mit dem Verlust von Phlogiston eine Gewichtzunahme verbunden war, wurde schlicht mit dem Argument hinweggefegt, daß Phlogiston leichter als Luft sei und bei der Verbindung mit einer Substanz versuche, diese anzuheben.

Bis etwa 1775 wurden Verbrennungsvorgänge mit dem Trugbild der Phlogiston-Theorie gedeutet. In den Laboratorien wurde nach Phlogiston-Donoren und -Akzeptoren gesucht. Selbst als 1771 der Sauerstoff entdeckt wurde, identifizierte man das Gas anfangs als dephlogistierte Luft. Der französische Privatgelehrte Antoine Lavoisier (1743 – 1794) konnte jedoch kurz darauf eine Umdeutung der Verbrennungsvorgänge einleiten, wonach brennbare Stoffe unter Aufnahme von Sauerstoff verbrennen und deshalb eine Gewichtszunahme erfahren. Er berücksichtigte erstmals die Masse als grundlegende Größe bei chemischen Reaktionen. Dies war zuvor vernachlässigt worden, denn der gasförmige Zustand war als »leer« angesehen worden. Erst ab 1760 wurden verschiedene Arten von Gasen identifiziert, die die Forscher damals als »Lüfte« bezeichneten, so etwa Kohlendioxid und die Elemente Chlor sowie Wasserstoff.

Die Überlegungen Lavoisiers, der später unter der Guillotine enden sollte (»Die Revolution braucht keine Chemiker«, soll man gerufen haben), konnten sich erst nach langjährigen Auseinandersetzungen gegen die tradierte Phlogiston-Theorie durchsetzen, sie läuteten den Übergang von rein qualitativen zu den ebenso wichtigen quantitativen Betrachtungen ein. Schon bald wurde deutlich, daß die Elemente in einer Verbindung immer ein gleichbleibendes, festes Verhältnis zueinander haben, verwirrend blieb jedoch die Tatsache, daß zwischen zwei Elementen mehrere Verbindungen möglich waren. So ergab die Untersuchung von Stickoxiden, daß sie unterschiedliche Gewichtsanteile an Sauerstoff enthielten. Da man noch keine chemischen Formeln kannte, war damals kaum zu verstehen, daß es sich bei den Substanzen um NO, NO_2 oder N_2O (Stickstoffmonoxid, Stickstoffdioxid oder Lachgas) handelte.

Mit seinem atomistischen System konnte schließlich John Dalton (1766 – 1844) zu Beginn des 19. Jahrhunderts die Chemie entscheidend voranbringen. Über 2000 Jahre, nachdem Demokrit von Atomen gesprochen hatte, wurde diese Theorie aus dem Dornröschenschlaf geweckt. Dalton definierte Atome als die kleinsten Teilchen eines Elementes und als die grundlegenden Einheiten von chemischen Reaktionen. Demnach besaßen Atome verschiedener Elemente auch verschiedene Massen sowie differierende chemische Eigenschaften. Ihre Verbindung miteinander sollte nur in einfachen ganzen Zahlen möglich sein. Daltons »Gesetz der multiplen

Proportionen« lieferte schließlich auch eine Erklärung für den unterschiedlichen Sauerstoffgehalt in den Stickoxiden. Dalton bestimmte die relativen Massen zahlreicher Elemente, wobei er die Masse des Wasserstoffs als Bezugsgröße Eins festlegte.

Dem Italiener Stanislao Cannizzaro (1826 – 1910) ist es zu verdanken, daß ein Verfahren ermittelt wurde, mit dem sich endlich Formeln für Verbindungen und Moleküle aufstellen ließen. Dabei erwies sich die lange vernachlässigte Erkenntnis von Amadeo Avogadro (1776 – 1856) – daß gleiche Gasvolumina eine gleiche Anzahl von Molekülen enthalten – als überaus hilfreich. Jöns Jacob Berzelius (1779 – 1848), Professor für Chemie in Stockholm, führte um 1814 die noch heute gültige chemische Zeichensprache ein. Er verwandte konsequent Buchstaben als Elementsymbole sowie Zahlenindices, um quantitative Verhältnisse zu verdeutlichen. Dies war ein wichtiger Schritt, denn diese neue Sprache präzisierte im Gegensatz zu den vorher gebräuchlichen Symbolen wie Kreisen, Kreuzen oder Dreiecken die Vorstellungen. Auch komplizierte Verbindungen waren nun in einem kurzen Ausdruck durchsichtig darzustellen.

Das Denkgebäude der klassischen Chemie stand nunmehr auf festen Fundamenten. Damit einher ging die Etablierung der Chemie als eigenständiges Fach im Ensemble der Naturwissenschaften. Wichtige Beiträge dazu lieferte Justus von Liebig (1803 – 1873), der in Gießen seine berühmte Chemikerschule begründete. Er erhob die Chemie zum Lehrfach an Schulen und Universitäten, auch war es Liebig, der das Prinzip der künstlichen Düngung entdeckte und damit die Revolution des Ackerbaus einläutete. Der Erfinder des ersten Chemie-Experimentierkastens, mit dem man zu Hause kleine Versuche durchführen konnte, war übrigens Goethe. Privates naturwissenschaftliches Forschen war in der Weimarer Gesellschaft hoch angesehen.

Zu Beginn des 19. Jahrhunderts differenzierte sich die Chemie zunehmend in die Bereiche Organik und Anorganik. Unterstützt wurde dies durch den Irrglauben, organische Verbindungen könnten nur von lebenden Organismen mit Hilfe von »vis vitalis« (Lebenskraft) erzeugt werden, Experimente wie die Herstellung von (organischem) Harnstoff aus (anorganischem) Ammoniumcyanat konnten das jedoch widerlegen. Heute bezeichnet man traditionellerweise die Chemie des Elements Kohlenstoff – bis auf wenige Ausnahmen – als »Organische Chemie«. Alle anderen Elemente und ihre Verbindungen fallen in die Domäne der »Anorganischen Chemie«.

Ein Meilenstein in der Geschichte der Chemie bedeutete schließlich die Aufstellung des Periodensystems der Elemente, das um 1860 der Russe Dimitrij Iwanowitsch Mendelejew sowie der Deutsche Julius Lothar Meyer unabhängig voneinander formulierten. Die Ursache für dieses klassische Ordnungsprinzip – die innere Struktur des Atoms – wurde jedoch erst später enthüllt. Wichtige zugrundeliegende physikalische Erkenntnisse revolutionierten zu Beginn des 20. Jahrhunderts das gesamte naturwissenschaftliche Weltbild und ermöglichten es den Chemikern schließlich, ihre Vorstellungen von Atomen und Molekülen, Elementen und Verbindungen sowie ihrer Struktur, Stabilität und Reaktivität zu präzisieren.

Was ist Chemie?

Jeder kennt wohl den Satz: »Chemie ist, wenn es knallt und stinkt ...«. Diese Weisheit beschreibt das Bild der modernen Chemie jedoch nur in einigen, zugegebenermaßen spektakulären Aspekten und stimmt für viele chemische Experimente und Prozesse – glücklicherweise – nicht. Ein paar Beispiele können vielleicht dabei helfen, sich zu veranschaulichen, was alles Chemie ist – auch wenn manches Detail vielleicht erst nach der Lektüre dieses kleinen Buches zu verstehen ist:

– Aus dem Schulunterricht ist den meisten sicher noch so manche Säure bekannt, etwa Salzsäure, Schwefelsäure, Salpetersäure, vielleicht sogar auch Flußsäure. Einige wissen möglicherweise auch noch, was man mit den Flüssigkeiten, für die diese Trivialnamen stehen, alles machen kann. Salzsäure ist eigentlich ein in Wasser gelöstes Gas: Chlorwasserstoff (HCl). Wirft man ein Stück Zink in Salzsäure, löst es sich unter Gasentwicklung auf. Andere Metalle, Gold zum Beispiel, zeigen sich gänzlich unbeeindruckt von Salzsäure. Um Gold zu lösen muß man »Königswasser« verwenden, eine Mischung aus Salpetersäure (HNO_3) und Salzsäure. Schwefelsäure (H_2SO_4) entsteht aus Schwefeltrioxid (SO_3) und Wasser und verhält sich manchmal ganz ähnlich wie Salzsäure, zeigt aber auch völlig andere Eigenschaften. So ist sie zum Beispiel »wasserziehend«: Mit Schwefelsäure übergossenes Papier verfärbt sich braun, denn nach Entzug des im Papier enthaltenen Wassers bleibt dunkler Kohlenstoff zurück. Flußsäure, in Wasser gelöster Fluorwasserstoff (HF), ist eigentlich keine so starke Säure. Trotzdem ist sie das einzige brauchbare Mittel, mit dem man Glas in Lösung bringen kann, denn die Fluorteilchen der Säure schätzen die im Glas enthaltenen Siliciumteilchen sehr und verbinden sich mit ihnen, wobei die stabile Glasstruktur aufbricht.

– Ammoniak (NH_3) ist ein farbloses, stechend riechendes Gas. Man kann es in Wasser lösen und erhält eine schwach alkalisch (basisch) reagierende Flüssigkeit, die nicht nur im Labor viele Einsatzmöglichkeiten hat, man findet sie zum Beispiel auch in Haushaltsreinigern (Salmiakgeist). Verbindet sich Ammoniak aber mit Schwefelsäure, erhält man Ammoniumsalze, die als Düngemittel zum Einsatz kommen, denn

Pflanzen brauchen den in Ammoniak enthaltenen Stickstoff, um Zellen aufbauen zu können. Man kann aber auch reines Ammoniakgas durch Abkühlen verflüssigen. Dann ist die farblose Flüssigkeit dazu in der Lage, bestimmte silbrig- oder auch goldglänzende Metalle, die sogenannten Alkalimetalle, aufzulösen, und die Lösung färbt sich plötzlich wunderschön tiefblau. Grund dafür sind aus den Atomen herausgelöste freie Elektronen!

– Ethanol (C_2H_5OH) ist ein den meisten Menschen wohlbekanntes Genuß- und Rauschmittel, es handelt sich um die Substanz, die fast jeder einfach als »Alkohol« bezeichnet und in verschiedenen Getränken zu sich nimmt. Es gibt aber auch andere Alkohole, zum Beispiel Methanol (CH_3OH). Dieses ist chemisch dem Ethanol sehr ähnlich, hat aber im menschlichen Körper verheerende Wirkung (in kleinen Dosen bewirkt es Erblindung, in größeren den Tod). Es entsteht ebenso wie Ethanol bei Gärprozessen und muß destillativ von diesem getrennt werden. Die Destillation ist ein wichtiges Verfahren, um chemische Stoffe zu trennen. Sie basiert auf einer physikalischen Eigenschaft dieser Stoffe, ihrem Siedepunkt.

– Eine chemisch sehr kompliziert aufgebaute Substanz, Paclitaxel (»Taxol®«), bezeichnet man als einen Naturstoff, denn es handelt sich um ein sogenanntes Alkaloid, das von einer Eibenart, *Taxus brevifolia*, synthetisiert wird. Was dem Baum so leichtfällt, können Chemiker nur unter größten Anstrengungen. Um naturidentisches Paclitaxel im Labor herzustellen, muß man soviel Aufwand treiben, daß es im Moment noch einfacher ist, Tausende von Bäumen zu entrinden und aus der Borke wenige Gramm der interessanten Substanz zu isolieren, als sie chemisch zu synthetisieren. Das ist natürlich unbefriedigend, denn Paclitaxel wird als ein gegen Krebs wirksames Mittel diskutiert und in größeren Mengen benötigt. Beim Entrinden aber sterben die Bäume ab und damit versiegt die Paclitaxelquelle. Intensive Forschungsaktivitäten haben kürzlich für dieses Problem eine Lösung geliefert. Eine andere Eibenart, *Taxus baccata*, enthält einen dem Paclitaxel ähnlichen Stoff in den Nadeln! Dieser Stoff läßt sich leicht chemisch in die gewünschte Substanz umwandeln. Man überläßt also dem Baum die aufwendige Synthese und sammelt seine Nadeln, im Labor isoliert man dann den Naturstoff und modifiziert ihn zum Wirkstoff.

Kurz und gut: Chemie wird von Menschen betrieben, aber auch zahlreiche Vorgänge, die man in der belebten oder unbelebten Natur beobachten kann, sind chemische Vorgänge. Menschen setzen Chemie ein, um Materie zu untersuchen, ihre Erscheinungsformen, Eigenschaften und ihre Zusammensetzung zu beschreiben sowie um Wege zu finden, wie man sie verändern kann. Chemisches Wissen kann also einfach Erkenntnisgewinn bedeuten. Es kann aber auch bedeutsam sein, um natürliche und künstliche Vorgänge besser zu verstehen, und es ist selbstverständlich außerordentlich wichtig für die industrielle Produktion von Stoffen.

Wenn sich Chemiker mit Chemie beschäftigen, stellen sie sich in etwa die folgenden Fragen: Was verstehe ich nicht oder nicht ausreichend? Welches Experiment muß ich machen, um einen Vorgang besser zu verstehen? Kann ich aus dem Ergebnis des Experiments allgemeingültige Theorien ableiten? Als zweiter Schritt folgt immer die Frage: Ist mein experimentelles Ergebnis oder die abgeleitete Theorie in irgendeiner Weise nützlich und anwendbar für die Allgemeinheit, kann ich zum Beispiel ein neues Produkt oder ein neues Verfahren entwickeln oder ein Umweltereignis endlich erklären?

Grundlage für chemisches Denken sind Begriffe und Konzepte, wie sie in den nächsten Kapiteln erläutert werden: Atom, Molekül, Element, Verbindung, Chemische Bindung, Reaktivität, Periodensystem, pH-Wert und vieles mehr – diese Vokabeln werden nach der Lektüre der nun folgenden Seiten bestimmt kein »Fachchinesisch« mehr sein!

Das Atom

Die moderne Chemie begann mit der Erkenntnis, daß es Atome gibt. Das verblüfft heute niemanden mehr, doch noch 1910 konnte sich ein Professor für Chemie an der Universität von Chicago in seinem Lehrbuch beschweren, daß »die Sprache der Chemiker derart mit der Phraseologie der Atomhypothese durchtränkt worden ist«. Heutzutage sprechen Chemiker wie selbstverständlich von Atomen, als könnten sie diese mit bloßem Auge sehen oder etwa ergreifen. Tatsächlich ist das »Sehen« einzelner Atome sogar seit einigen Jahren mit Hilfe eines Raster-Tunnel-Mikroskops möglich. Dabei sind Atome winzig klein. Der Durchmesser eines Goldatoms beträgt gerade einmal 0,000 000 000 14 Meter. Fast siebzig Millionen Goldatome müßte man aneinanderreihen, um einen hauchdünnen Faden von einem Zentimeter Länge zu bilden. Wie viele Atome erst für eine prunkvolle Halskette nötig sind – eine schwindelerregende Zahl, die sicherlich das Vorstellungsvermögen der meisten Menschen sprengt.

Wenn Chemiker an Gold denken, sehen sie aber nicht nur eine Kette mit ihrem charakteristischen Glanz vor ihrem geistigen Auge, sondern ebenso ein einzelnes Goldatom. Schließlich ist ein Atom das kleinste Teilchen, in das man eine Halskette spalten könnte, ohne daß die Eigenschaften des Edelmetalls völlig verlorengingen. Deshalb reicht es unter Umständen aus, sich dieses winzigste Teilchen vorzustellen, um die Chemie von Gold zu verstehen. Man muß dann allerdings ein Modell im Kopf haben, das das Innenleben des Goldatoms veranschaulicht und damit entscheidende Hinweise darauf gibt, wie sich das Edelmetall wohl in dieser oder jener Hinsicht verhält.

Auch wenn das griechische Wort »atomos« unteilbar oder unzertrennbar, bedeutet, weiß man spätestens seit dem Beginn unseres Jahrhunderts, daß auch Atome aus noch kleineren Bestandteilen zusammengesetzt sind – den Elementarteilchen; die drei wichtigsten heißen Proton, Neutron und Elektron. Wie sie sich im Atom verteilen, hat 1916 der britische Physiker Sir Ernest Rutherford (1871 – 1937) herausgefunden. Er spannte eine hauchdünne Goldfolie auf und beschoß sie mit sogenannten Alphateilchen. Die Teilchen wanderten nahezu ungehindert durch die Folie hindurch, weshalb Rutherford folgerte, daß die Atome größtenteils hohl sein müßten. Nur wenige Alphateilchen wurden in ihrer Flugbahn abgelenkt. Diese waren offenbar doch mit »Materie« zusammengestoßen.

Aufgrund dieses Experimentes entwickelte Rutherford sein Atommodell. Demnach ist ein Atom eine Kugel mit einem sehr kleinen Kern, der jedoch nahezu die gesamte Masse des Atoms ausmacht. In einem gewaltigen Abstand zum Atomkern befindet sich die Atomhülle. Zwischen Kern und Hülle ist offenbar nichts. Stellt man sich einen Stecknadelkopf inmitten eines Heißluftballons vor, so hat man einen ungefähren Eindruck von den Größenverhältnissen im Atom!

Der Atomkern ist positiv geladen. Er setzt sich zusammen aus Protonen, die diese Ladung tragen, sowie aus elektrisch neutralen Neutronen. Die Hülle des Atoms ist dagegen negativ geladen, sie besteht aus Elektronen. Da Atome neutral sind, müssen sie immer die gleiche Anzahl von Protonen und Elektronen besitzen, deren Ladungen sich so kompensieren.

Rutherford stellte sich vor, daß die Elektronen der Atomhülle um den Kern kreisen – wie Planeten auf ihren Bahnen um die Sonne. Die gegensätzlichen Ladungen ziehen sich zwar an, doch dem wirkt die Zentrifugalkraft entgegen, da sich die Elektronen mit hoher Geschwindigkeit bewegen. Vom Standpunkt der klassischen Physik aus betrachtet, ist ein solches Atom jedoch instabil. Die kreisenden Elektronen müßten ständig Energie abstrahlen. Wenn das Elektron je-

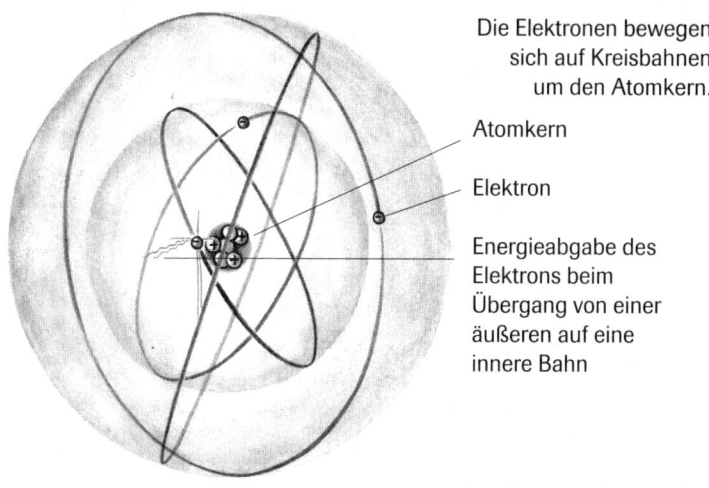

Die Elektronen bewegen sich auf Kreisbahnen um den Atomkern.

Atomkern

Elektron

Energieabgabe des Elektrons beim Übergang von einer äußeren auf eine innere Bahn

Das Bohrsche Atommodell

doch Energie verliert, wird es langsamer, seine Bahn um den Atomkern kleiner, und schließlich wird es in einer Art Spirale in den Kern stürzen.

Diesen Widerspruch konnte kurz darauf der dänische Physiker Niels Bohr (1885 – 1962) uberbrücken. Er stellte die Behauptung auf, daß sich die Elektronen nur auf ganz bestimmten Bahnen aufhalten können. Zwischen den einzelnen Umlaufbahnen sind »verbotene Bereiche«, weshalb schon gar keine spiralförmigen Bahnen existieren könnten. Bohr sprach in diesem Zusammenhang von gequantelter Energie, das bedeutet, daß die Energie nur in Portionen gewisser Größe, den sogenannten Quanten, vorkommen kann. Der Abstand zwischen zwei Bahnen, die Bohr Kugelschalen nannte, ist durch die Größe dieser Portionen festgelegt.

Außerdem stellte Bohr fest, daß die umlaufenden Elektronen keine Energie abstrahlen. Dennoch mußte er erklären, warum bei der Verbrennung von Wasserstoff ein charakteristisches Linienspektrum entsteht. Bringt man nämlich Wasserstoff in eine Flamme, senden die angeregten Atome elektromagnetische Wellen aus. Registriert man diese elektromagnetischen Wellen unterschiedlicher Frequenzen in Abhängigkeit von ihrer Energie, erhält man ein Spektrum, das aus einzelnen scharfen Linien besteht. Jedes Spektrum ist charakteristisch für jeweils eine Atomsorte.

Die mathematische Auswertung des Wasserstoffspektrums zeigte Bohr bestimmte Gesetzmäßigkeiten für die beobachteten Frequenzen der einzelnen Linien auf. Daher entwickelte er die Vorstellung, daß einzelne Elektronen eines Wasserstoffatoms bei der thermischen Anregung in der Flamme soviel Energie aufnehmen, daß sie von ihrem ursprünglichen Platz auf weiter außen liegende, energiereichere Kreisbahnen wechseln können. Diese angeregten Orte scheinen jedoch nicht besonders komfortabel zu sein. Die Elektronen fallen wieder zurück auf ihren angestammten Platz und geben dabei die aufgenommene Energie in Form von Strahlung wieder ab: Das Wasserstoffspektrum entsteht. Und weil der Abstand zwischen zwei Kreisbahnen genau festgelegt ist, besteht das Spektrum aus scharfen Linien, denen gemäß der Gleichung $E = h \cdot \nu$ (E = Energie; h = Plancksches Wirkungsquantum, eine Konstante; ν = Frequenz) exakt ein Energiewert zugewiesen werden kann. Bohr machte zudem Aussagen über die Anzahl der Elektronen, die sich maximal auf einer Schale befinden können. Diese Zahl ist verschieden – je nach Größe der Schale, also ihrem Abstand vom Atomkern. Sie ist nach einer einfachen Formel zu ermitteln: Numeriert man die Schalen von innen nach außen mit der Zahl n gleich 1 beginnend durch, so können sich maximal $2n^2$ Elektronen auf einer Schale aufhalten, das heißt: zwei Elektronen auf der ersten Schale, acht auf der zweiten, 18 auf der dritten, 32 auf der vierten und so fort.

Doch auch das Bohrsche Atommodell zeigte noch Unzulänglichkeiten. Wesentlich exaktere Beschreibungen liefer-

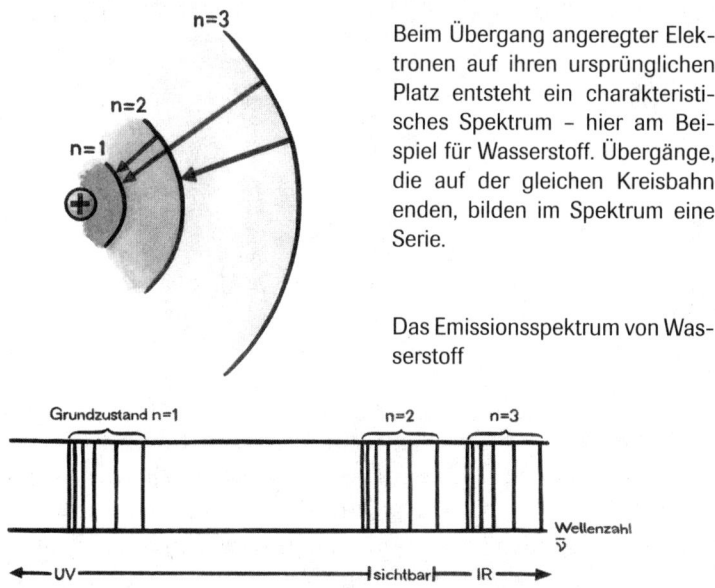

Beim Übergang angeregter Elektronen auf ihren ursprünglichen Platz entsteht ein charakteristisches Spektrum – hier am Beispiel für Wasserstoff. Übergänge, die auf der gleichen Kreisbahn enden, bilden im Spektrum eine Serie.

Das Emissionsspektrum von Wasserstoff

te schließlich die Quantenmechanik, die in den zwanziger Jahren entwickelt wurde.

Exakter – Die Quantenmechanik

Das sogenannte wellenmechanische Atommodell entstand in der Hauptsache durch die Forschungsarbeiten von Werner Heisenberg (1901 – 1976) und Erwin Schrödinger (1887 bis 1961). Ihm liegt die Erkenntnis zugrunde, daß man die winzigen Elektronen nicht als kleinste Kugeln mit definierten Aufenthaltsorten beschreiben kann. Vielmehr sind sie an mehreren Stellen gleichzeitig zu beobachten, und ihre Position wirkt so in gewisser Weise verschmiert. Das wellenmechanische Atommodell definiert daher Räume, in denen sich die Elektronen mit größter Wahrscheinlichkeit aufhalten. Dies sind die sogenannten Orbitale.

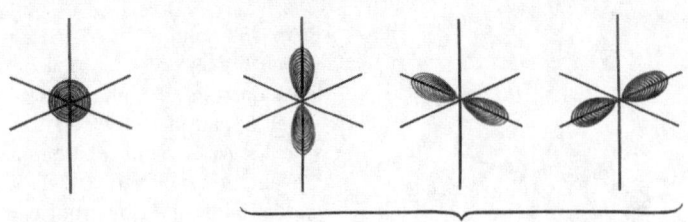

s-Orbital (links) und p-Orbitale (rechts): Die dunklen Bereiche entsprechen den Orten, an denen mit hoher Wahrscheinlichkeit Elektronen anzutreffen sind.

Die Orbitale folgen ebenso aufeinander wie die Schalen im Bohrschen Modell. Die erste Schale enthält ein einziges, sogenanntes s-Orbital. Dieses ist kugelförmig und gleicht damit stark der Kugelschale im Bohrschen Modell. Im Unterschied zu diesem können sich die beiden Elektronen jedoch überall im Orbital, also in der gesamten Kugel aufhalten, und nicht nur auf deren Außenhülle. Auch die zweite Schale enthält ein solches s-Orbital, dessen Durchmesser entsprechend größer ist als der des darunter liegenden s-Orbitals. Daneben gibt es noch drei weitere Orbitale, die etwa wie Hanteln aussehen. Diese heißen p-Orbitale und erstrecken sich jeweils entlang einer Achse im dreidimensionalen Koordinatensystem.

Ein wichtiges Gesetz der Quantenmechanik, das sogenannte Pauli-Prinzip, besagt, daß jedes Orbital nur zwei Elektronen aufnehmen kann. Die acht Elektronen der zweiten Schale können demnach paarweise in den drei p-Orbitalen sowie dem s-Orbital untergebracht werden. In den folgenden Schalen kommen zu den s- und p-Orbitalen noch fünf d-Orbitale beziehungsweise sieben f-Orbitale dazu, damit insgesamt 18 beziehungsweise 32 Elektronen einen Platz finden. Die Form dieser d- und f-Orbitale ist zunehmend kompliziert. Die Bezeichnung der Orbitale beruht übrigens auf dem Aussehen von Spektren, die mit dem Bohrschen Atommodell nicht mehr zu erklären waren und an deren Zustandekommen die Orbitale beteiligt sind (s = scharf, p= prinzipal, d= diffus, f= fundamental). Den Aufbau von Atomen auf diese Weise zu beschreiben, erscheint erst einmal kompliziert. Es hat sich aber gezeigt, daß viele Beobachtungen, nicht nur das Linienspektrum von Wasserstoff, auf der Grundlage des Modells vorzüglich erklärt werden können.

Vielfalt – Die Elemente

In den vorigen Kapiteln wurden bereits das Metall Gold und das Gas Wasserstoff erwähnt. Beides sind Stoffe, die man als chemische Elemente bezeichnet, sie enthalten jeweils nur eine Sorte Atome. Jedes dieser Atome ist gleich aufgebaut, also mit winzigem Kern und verhältnismäßig voluminösen Schalen. Goldatome und Wasserstoffatome unterscheiden sich jedoch voneinander in der Anzahl ihrer Elementarteilchen. Während jedes Wasserstoffatom jeweils ein Proton und ein Elektron aufweist, besitzt Gold 79 Protonen und 79 Elektronen. Dazu kommen noch die Neutronen. Vor allem die Elektronenkonfiguration, das heißt die Anzahl der Elektronen und ihre Anordnung in den verschiedenen Orbitalen, macht den chemischen Unterschied zwischen Gold und Wasserstoff aus! Und so ist es mit sämtlichen chemischen Elementen: Ein Kohlenstoffatom hat beispielsweise sechs Elektronen (und ebenso sechs Protonen), Stickstoff verfügt über sieben Elektronen und Sauerstoff über acht. Ganz egal ist es da, um welche Erscheinungsform des Kohlenstoffes es sich handelt, also um welche Modifikation. Ein Kohlenstoffatom in Diamant hat genauso viele Elektronen wie eines in Graphit oder gar in Buckminsterfulleren.

Egal ist auch, ob es sich bei dem Element um einen Feststoff, eine Flüssigkeit oder um ein Gas handelt. Und es ist egal, ob sich die Atome eines Elements bevorzugt isoliert voneinander aufhalten, ob sie sich zu kleinen Gruppen zusammentun, also chemische Bindungen untereinander bilden und sogenannte Moleküle formen, oder ob es sogar einen im Prinzip unendlich ausgedehnten Atomverband von Tausenden von Teilchen gibt. Ein jedes chemisches Element besteht aus einer Sorte von Atomen, die charakterisiert sind durch die Anzahl der Elementarteilchen in ihnen.

Insgesamt sind heute 112 verschiedene chemische Elemente bekannt; ihre Atome besitzen zwischen einem und 112 Elektronen sowie Protonen. Jedem Element ist ein Symbol zugeordnet. Gold wird mit »Au« abgekürzt (vom lateinischen Wort *aurum*), und Wasserstoff ist »H« (von *hydrogenium*, griechisch für Wasserbildner). Die so bedeutsame Anzahl der Elektronen schreibt man zuweilen als kleine Zahl unten vor das Elementsymbol, also beispielsweise $_1$H oder $_{79}$Au. Diese Zahl heißt Ordnungszahl oder Kernladungszahl, da sie ja auch der Anzahl der positiv geladenen Protonen im Atomkern entspricht.

Nun bestehen Atome nicht nur aus den Elektronen der Hülle sowie aus einer gleich großen Anzahl von Protonen im Atomkern, sondern enthalten auch Neutronen. Deren Anzahl ist nicht so festgelegt wie die der anderen Elementarteilchen und kann unter den Atomen eines Elements schwanken. So gibt es Wasserstoffkerne, die neben dem Proton kein, ein oder zwei Neutronen enthalten. Die Gesamtzahl der Kernteilchen kann man durch eine hochgestellte Zahl deutlich machen: ^{1}H, ^{2}H oder ^{3}H. Die beiden letzten Formen sind jedoch recht selten, natürlich vorkommender Wasserstoff besteht überwiegend aus Atomkernen ohne Neutronen.

Atomkerne eines Elementes, die unterschiedliche Neutronenzahlen, aber gleiche Elektronenzahlen aufweisen, nennt man Nuklide, die dadurch definierten Unterarten eines Elementes heißen Isotope (griechisch: *isos*: gleich und *topos*:

Platz). Dieser Name bezieht sich darauf, daß sie im Periodensystem der Elemente alle am gleichen Platz stehen. Nur zwanzig Elemente kommen in der Natur als isotopenrein, also in Form genau eines einzigen Nuklids vor, alle anderen Elemente setzen sich aus Atomen zusammen, die zwar die gleiche Protonen- und Elektronenzahl haben, aber in der Neutronenzahl variieren können. Von Zinn etwa gibt es zehn Isotope, die in der Natur vorkommen. Auffallend ist, daß die Anzahl der Neutronen pro Atomkern mit steigender Ordnungszahl überproportional zunimmt. Wasserstoffkerne enthalten meistens lediglich ein Proton und kein Neutron, natürlich vorkommende Wismutkerne dagegen 83 Protonen und 126 Neutronen. Während beim Sprung von einem Element zum nächsten jeweils nur ein Elektron sowie ein Proton dazu kommen, wächst die Neutronenzahl rascher. Dadurch werden die Protonen im Atomkern größerer und schwererer Atomsorten stärker »verdünnt«, was ihre Abstoßung untereinander verringert. Nur deshalb können schwere Elemente überhaupt existieren, denn sonst müßte die große Abstoßung zwischen gleich geladenen Teilchen in einem so hoch geladenen Kern diesen auseinandersprengen. Das Neutronen/Protonen-Verhältnis steigt von eins bei den leichten Elementen auf etwa 2,5 bei den schweren Atomen.

Ordnung – Das Periodensystem

Bei der umfangreichen Zahl der Elemente stellt sich die Frage, wie man am besten den Überblick bewahrt. Man könnte alle Elemente alphabetisch oder der Ordnungszahl nach untereinander in eine lange Liste schreiben. Die Chemiker bevorzugen jedoch eine bestimmte Darstellungsform: das Periodensystem der Elemente. Diese auf den ersten Blick seltsam unregelmäßige Tabelle, die vielleicht einem Stammbaum vergleichbar ist, stellt die Verwandtschaftsverhältnisse der Ele-

Das heutige Periodensystem der Elemente

1 H Wasserstoff 1,00794								
3 Li Lithium 6,941	4 Be Beryllium 9,0122							
11 Na Natrium 22,9898	12 Mg Magnesium 24,305							
19 K Kalium 39,098	20 Ca Calcium 40,08	21 Sc Scandium 44,956	22 Ti Titan 47,867	23 V Vanadium 50,942	24 Cr Chrom 51,996	25 Mn Mangan 54,938	26 Fe Eisen 55,845	27 Co Kobalt 58,9332
37 Rb Rubidium 85,47	38 Sr Strontium 87,62	39 Y Yttrium 88,906	40 Zr Zirkon 91,22	41 Nb Niob 92,906	42 Mo Molybdän 95,94	43 Tc Technetium 99	44 Ru Ruthenium 101,07	45 Rh Rhodium 102,905
55 Cs Cäsium 132,905	56 Ba Barium 137,27	57 La Lanthan 138,91	72 Hf Hafnium 178,49	73 Ta Tantal 180,948	74 W Wolfram 183,84	75 Re Rhenium 186,207	76 Os Osmium 190,23	77 Ir Iridium 192,217
87 Fr Francium 223	88 Ra Radium 226,05	89 Ac Actinium 227	104 Rf Rutherfordium 261	105 Db Dubnium 263	106 Sg Seaborgium 264	107 Bh Bohrium 265	108 Hs Hassium 267	109 Mt Meitnerium 268

Lanthaniden (Seltene Erden):

58 Ce Cer 140,12	59 Pr Praseodym 140,908	60 Nd Neodym 144,24	61 Pm Promethium 147	62 Sm Samarium 150,36	63 Eu Europium 151,96	64 Gd Gadolinium 157,25

Actiniden:

90 Th Thorium 232,038	91 Pa Protaktinium 231,036	92 U Uran 238,03	93 Np Neptunium 237	94 Pu Plutonium 239	95 Am Americium 241	96 Cm Curium 242

Das Atom

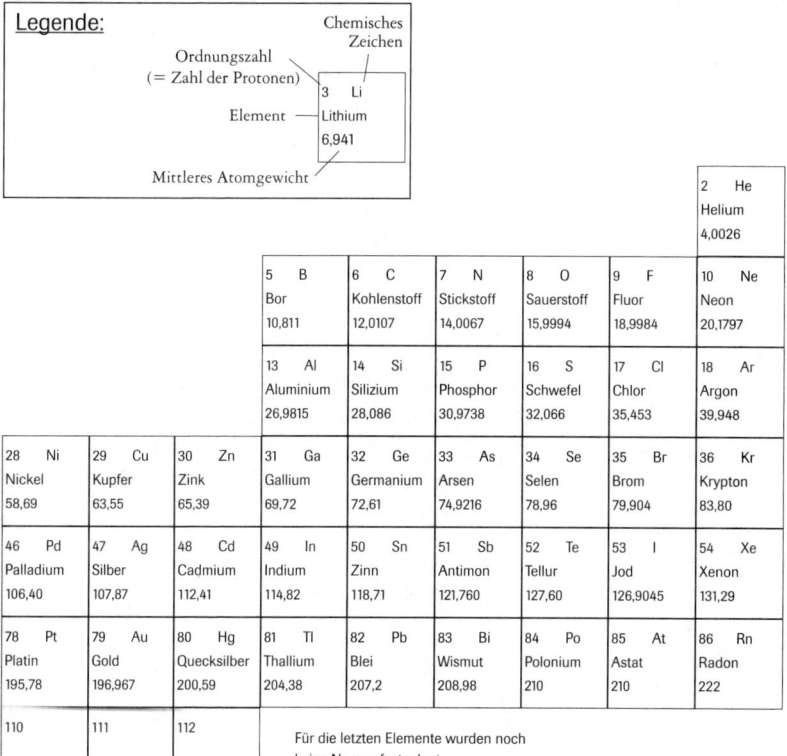

Legende:

Ordnungszahl (= Zahl der Protonen) → Chemisches Zeichen

Element

Mittleres Atomgewicht

```
3    Li
Lithium
6,941
```

								2 He Helium 4,0026
		5 B Bor 10,811	6 C Kohlenstoff 12,0107	7 N Stickstoff 14,0067	8 O Sauerstoff 15,9994	9 F Fluor 18,9984	10 Ne Neon 20,1797	
		13 Al Aluminium 26,9815	14 Si Silizium 28,086	15 P Phosphor 30,9738	16 S Schwefel 32,066	17 Cl Chlor 35,453	18 Ar Argon 39,948	

28 Ni Nickel 58,69	29 Cu Kupfer 63,55	30 Zn Zink 65,39	31 Ga Gallium 69,72	32 Ge Germanium 72,61	33 As Arsen 74,9216	34 Se Selen 78,96	35 Br Brom 79,904	36 Kr Krypton 83,80
46 Pd Palladium 106,40	47 Ag Silber 107,87	48 Cd Cadmium 112,41	49 In Indium 114,82	50 Sn Zinn 118,71	51 Sb Antimon 121,760	52 Te Tellur 127,60	53 I Jod 126,9045	54 Xe Xenon 131,29
78 Pt Platin 195,78	79 Au Gold 196,967	80 Hg Quecksilber 200,59	81 Tl Thallium 204,38	82 Pb Blei 207,2	83 Bi Wismut 208,98	84 Po Polonium 210	85 At Astat 210	86 Rn Radon 222
110 271	111 272	112 277						

Für die letzten Elemente wurden noch keine Namen festgelegt.

65 Tb Terbium 158,925	66 Dy Dysprosium 162,50	67 Ho Holmium 164,93	68 Er Erbium 167,26	69 Tm Thulium 168,934	70 Yb Ytterbium 173,04	71 Lu Lutetium 174,97

97 Bk Berkelium 249	98 Cf Californium 252	99 Es Einsteinium 253	100 Fm Fermium 254	101 Md Mendelevium 256	102 No Nobelium 254	103 Lr Lawrencium 257

mente dar und ist für jeden Chemiker ein unentbehrliches Werkzeug. Denn das chemische Verhalten eines Elementes – seine Reaktivität – läßt sich aus seiner Stellung im Periodensystem ableiten. Grund dafür ist, daß die Reaktivität von der Elektronenkonfiguration abhängt, und diese ist das Ordnungsprinzip des Periodensystems.

Die beiden Forscher, die das Periodensystem unabhängig voneinander entwickelten, der Russe Dimitrij Iwanowitsch Mendelejew und der Deutsche Julius Lothar Meyer, ordneten die ihnen bekannten Elemente zunächst nach aufsteigenden Atommassen an. In diese lange Zeile fügten sie Zeilenumbrüche so ein, daß Elemente mit ähnlichen Eigenschaften untereinander zu stehen kamen. Auf diese Weise entstand eine Tabelle, in deren Spalten untereinander zum Beispiel die Elemente Fluor und Chlor stehen, beides aggressive Gase. Eine andere Spalte enthält unter anderem Rubidium und Cäsium, niedrig schmelzende und heftig reagierende Metalle.

Allerdings gab es auch einige Ungereimtheiten, manche Elemente schienen nicht in die Ordnung zu passen. Da Meyer und Mendelejew nichts vom Aufbau der Atome aus Elementarteilchen ahnten, hatten sie sich nur an den Atommassen orientiert. Erst später stellte sich heraus, daß nicht dieser Wert, sondern die Kernladungszahl, also die Anzahl der Protonen beziehungsweise der Elektronen, das ordnende Kriterium ist. Zwar nimmt in der Regel mit steigender Kernladungszahl auch die Atommasse zu. Doch an drei Stellen weist das Periodensystem Unstetigkeiten auf: Argon (Nr. 18) ist schwerer als das folgende Kalium (Nr. 19), ebenso verhält es sich mit den Paaren Kobalt/Nickel (Nr. 27/28) sowie Tellur/Jod (Nr. 52/53). Diese Abweichungen ergeben sich durch die ungewöhnlich große Anzahl von Neutronen in den Atomkernen von Argon, Kobalt und Tellur.

In der Mitte des 19. Jahrhunderts waren längst noch nicht alle heute bekannten Elemente entdeckt. Damit das Periodensystem funktionierte, mußten einige Plätze leer bleiben. Aufgrund der erkannten Zusammenhänge ließen sich jedoch bereits Aussagen über die Eigenschaften der fehlenden Elemente treffen, und tatsächlich fand man später die fehlenden Kandidaten. Die Vorhersagen, die Mendelejew 1871 für »eka-Silicium« traf, orientierten sich an den Eigenschaften von Silicium und Zinn, die oberhalb und unterhalb des damals noch unbekannten Elements stehen. Sie verblüffen noch heute in ihrer Genauigkeit. Mendelejew vermutete eine dunkelgraue Substanz mit einer Dichte von 5,5 Gramm pro Kubikzentimeter, die von Salzsäure kaum angegriffen wird. Tatsächlich löst sich das 1886 entdeckte Germanium nicht in Salzsäure, ist grau und besitzt eine Dichte von 5,35 Gramm pro Kubikzentimeter. Bis zum heutigen Tage sind 112 verschiedene Elemente entdeckt worden. Davon kommen jedoch nicht alle natürlich vor. Mit dem Element Nummer 92, dem Uran, bricht die Reihe der chemischen Elemente natürlichen Ursprungs ab. Die Elemente, die auf Uran folgen – die sogenannten Transurane –, wurden von Kernphysikern künstlich erzeugt. Dazu wurde Uran mit Deuteronen oder Alphateilchen bestrahlt, aus den so erhaltenen Elementen Nr. 93 und 94 konnten auf gleiche Weise wiederum höhere Transurane gewonnen werden. Dies geschah von 1940 an in rascher Folge, bis dann 1961 mit dem Element Nummer 103, Lawrencium, die Reihe der sogenannten Actiniden gefüllt war.

Auch in den folgenden Jahren wurde das Periodensystem fortgeschrieben. Durch die Fusion etwa von Blei- mit Eisenkernen konnten noch schwerere Elemente hergestellt werden. Die Elemente Nr. 107 bis 112 schufen erst in jüngster Zeit Kernphysiker bei der Gesellschaft für Schwerionenforschung in Darmstadt. Sie verliehen ihnen die Namen Bohrium (Nr. 107: zum Andenken an Niels Bohr sowie seinen Sohn Aage, einen Kernphysiker), Hassium (Nr. 108: nach dem lateinischen Namen für das Bundesland Hessen) sowie Meitnerium

Elementnamen

Traditionell steht es demjenigen zu, der ein neues Element aufspürt, dieses auch zu benennen. Der Vielfalt der Forschernaturen entsprechend finden sich daher auch die unterschiedlichsten Namenstypen. Manche Entdecker haben ihrer patriotischen Gesinnung freien Lauf gelassen, so Clemens Winkler, der 1886 das Germanium aufspürte. Die Namen des 1939 gefundenen Franciums sowie des Elements Nr. 31, Gallium (lateinisch *gallia*: Frankreich) verweisen dagegen auf französische Forschungsleistungen. Einige Namen deuten auf die Herkunft des Elements hin, so Ruthenium, das aus Erz gewonnen wurde, das aus dem Ural stammte (lateinisch *ruthenia*: Rußland), oder das mit Cu abgekürzte Kupfer, das die Römer einst aus Zypern (lateinisch: *cyprium*) bezogen. Andere Forscher wiederum versuchten, bereits mit dem Namen einen Hinweis auf eine hervorstechende Eigenschaft des neu gefundenen Elements zu geben.

Aus dem Mineral Alaun, das bereits in der Antike als adstringierendes Mittel eingesetzt wurde, gewann man Aluminium (lateinisch *alumen*: bitter). Das Halogen Chlor ist ein grünliches Gas (griechisch *chloros*: grün). Auch finden sich unter den Elementen solche mit mythologischen Anklängen. Der schwedische Forscher Anders Gustaf Ekeberg fand ein neues Element in einem aus Finnland stam-

(Nr. 109: zu Ehren Lise Meitners). Die drei schwersten Elemente haben noch keine Namen erhalten.

Aus zwei Gründen wird die Herstellung neuer Elemente jedoch immer schwieriger: Zum einen nimmt die Bildungswahrscheinlichkeit der Elemente stetig ab. Vom Element

menden Mineral. Dieses ließ sich nur unter Schwierigkeiten in Säure auflösen, weshalb Ekeberg das Element *Tantal* taufte. Denn Tantalus, ein Sohn des Zeus, mußte seine Frevel büßen, indem er bis zum Kinn im Wasser stand, das aber jedesmal zurückwich, wenn er durstig davon trinken wollte. Das Element Nr. 23, Vanadium, dessen Verbindungen vielfältige Farben besitzen, erhielt seinen Namen nach der nordischen Göttin der Schönheit, Vanadis. Zur Benennung des Iridiums, das ebenfalls reichhaltig gefärbte Verbindungen besitzt, zog man die griechische Göttin Iris heran, deren Zeichen der Regenbogen ist.

Mitunter ersannen Forscher auch Namen, die keinen Eingang in heutige Lehrbücher gefunden haben. So isolierten französische Chemiker zu Beginn des 19. Jahrhunderts aus den Rückständen von Lanthanid-Erzen angeblich das Element Nr. 72 und nannten es Keltium. Später wies jedoch Niels Bohr darauf hin, daß dieses Element nicht mehr zu den Lanthaniden gehört, sondern dem Zirkon ähnlich sein muß. In seinem Kopenhagener Labor wurde es schließlich gefunden und Hafnium (lateinisch *hafnia*: Kopenhagen) genannt. Um generelle Streitigkeiten über Prioritäten bei der Entdeckung sowie der Namensgebung neuer Elemente auszuschließen, wurde 1977 von der International Union of Pure and Applied Chemistry (IUPAC) ein systematisches Nomenklatursystem vorgeschlagen (z. B.: Un-un-bium für Nr. 112), das sich jedoch nicht durchgesetzt hat.

Nr. 112 haben die Entdecker zum Beispiel während einer dreiwöchigen Versuchszeit lediglich zwei Atome »gesehen«, obwohl jede Sekunde drei Billionen Zinkteilchen auf eine dünne Bleifolie geschossen wurden. Zum anderen leiden die schweren Atome sozusagen unter Neutronenmangel. Blei sowie Zink oder Eisen bringen zwar ihre Kernbausteine mit. Doch zusätzliche Neutronen wären nötig, um die Abstoßung der vielen Protonen in solch großen Kernen zu verringern.

Die einzelnen Zeilen des Periodensystems, die Perioden, sind unterschiedlich lang. Die erste Zeile enthält lediglich zwei Elemente, nämlich Wasserstoff und Helium, während sich zum Beispiel in der sechsten Periode 32 Elemente drängeln. Diese auf den ersten Blick verwirrende Tatsache hängt mit dem Aufbau der Elektronenhülle zusammen. Um den Kern herum befinden sich ja bekanntlich die Schalen, die die Elektronen beheimaten. Auf der innersten Schale, im s-Orbital, haben genau zwei Elektronen Platz. Deshalb stehen in dieser Periode nur Wasserstoff mit einem sowie Helium mit zwei Elektronen. Auf der nächsten Schale haben dann bereits acht Elektronen Platz, auf der folgenden sogar 18 (gemäß dem von Bohr erkannten Zusammenhang $2n^2$). In der zweiten Periode stehen also acht Elemente: Lithium, Beryllium, Bor, Kohlenstoff, Stickstoff, Sauerstoff, Fluor und Neon. Doch ein Blick auf das Periodensystem zeigt, daß in der dritten Periode ebenfalls nur acht Elemente stehen, obwohl diese Schale Platz für 18 Elektronen bietet! Des Rätsels Lösung: Anfangs wird diese Schale nur mit acht Elektronen gefüllt, denn die zehn zur Verfügung stehenden d-Orbitale erscheinen den Elektronen zunächst nicht attraktiv. Das Edelgas Argon als letztes Element der dritten Periode weist also vollständig gefüllte s- und p-Orbitale auf, aber die ebenfalls zur Verfügung stehenden d-Orbitale bleiben leer. Sie liegen energetisch so ungünstig, daß sich weitere Elektronen sogar bevorzugt in den s-Orbitalen der nächsten Schale einen Platz suchen. Kalium, das der Ordnungszahl nach auf Argon folgende Element, findet also seinen Platz in der vierten Periode, ebenso wie Calcium.

Und dann, beginnend mit dem Element Scandium »erinnern« sich die Atome in der vierten Periode wieder an die freien d-Orbitale der dritten Schale und beginnen, sie mit bis zu zehn Elektronen aufzufüllen. Anschließend werden – wie gehabt – die p-Orbitale der vierten Schale komplettiert, bevor sich die Entwicklung wiederholt und dann sogar – mit dem Einbau von Elektronen in f-Orbitale – noch komplizierter wird. Letzteres führt zum Einschub von zwei Zusatzzeilen hinter den Elementen Lanthan und Actinium. In diesen Zeilen finden sich jeweils 14 Elemente, die man Lanthanide und Actinide nennt. In der Darstellung des Periodensystems sind sie der Übersichtlichkeit halber extern aufgeführt.

Die Elektronen in der äußeren, nicht abgeschlossenen Schale eines Atoms nennt man Valenzelektronen (lateinisch *valens*: stark, wirksam, wert sein). Sie sind für das Verhalten – die Chemie – des entsprechenden Elements von fundamentaler Bedeutung. Elemente mit der gleichen Anzahl von Valenzelektronen stehen im Periodensystem untereinander in einer Spalte, die man Gruppe nennt. Die sogenannten Hauptgruppen enthalten Elemente, die keine d-Orbitale besitzen oder solche, deren d-Orbitale komplett gefüllt sind und die bereits über p-Elektronen verfügen. Sie heißen Hauptgruppenelemente. Die Elemente, deren d-Orbitale noch nicht aufgefüllt sind und diejenigen, die zwar volle d-Orbitale, aber noch keine p-Elektronen haben, nennt man Nebengruppenelemente. Diese Unterscheidung in Haupt- und Nebengruppen bedeutet keine Wertung nach Wichtigkeit, sie kennzeichnet lediglich, daß sich die Elemente gerade wegen der unterschiedlichen Besetzung ihrer äußeren Elektronenschale in ihrem chemischen Verhalten grundsätzlich unterscheiden.

Die acht Hauptgruppen werden mit arabischen Zahlen durchnumeriert, wobei die Zahl der Anzahl der Valenzelektronen entspricht. Die Elemente der ersten Hauptgruppe sind Wasserstoff sowie die Alkalimetalle (arabisch *al-qal*: salzhaltige Pflanzenasche, daraus wurden sie früher isoliert), sie verfügen alle über ein Valenzelektron. In der zweiten Hauptgrup-

pe findet man die Erdalkalimetalle mit jeweils zwei Valenzelektronen. Die Elemente der sechsten Hauptgruppe nennt
man Chalkogene (Erzbildner, abgeleitet von griechisch *chalkos*:
Kupfer und *chalkous*: ehern), die der siebten Halogene (griechisch für Salzbildner) und die der achten Hauptgruppe
schließlich Edelgase. Die Nebengruppen sind zwischen der
zweiten und dritten Hauptgruppe eingeschoben. In der dritten Nebengruppe befinden sich die Elemente Scandium, Yt-
trium, Lanthan und Actinium, die drei Valenzelektronen
(zwei s- sowie ein d-Elektron) besitzen. Es folgen die vierte bis
siebte Nebengruppe mit entsprechend mehr d-Elektronen.
Übergangselemente mit sechs, sieben oder acht d-Elektronen
(zum Beispiel Eisen, Kobalt, Nickel) sind in der achten Nebengruppe zusammengefaßt. Die Reihe der Nebengruppen
endet mit Kupfer, Silber und Gold in der ersten sowie mit
Zink, Cadmium und Quecksilber (zwei s- sowie zehn d-Elektronen) in der zweiten Nebengruppe.

Vorbestimmt – Das chemische Verhalten

Die Valenzelektronen bestimmen, wie sich die Atome eines
Elements »chemisch« verhalten. Denn wenn stoffliche Veränderungen stattfinden – Atome einer Sorte sich mit den Atomen anderer Elemente verbinden – bedeutet das stets Ein-
griffe in das Elektronengefüge der Atome: Sie geben Elektronen ab, nehmen welche auf oder teilen sich paarweise
gemeinsame Elektronen. Daher ist es für das Verhalten eines
Elements – sein Reaktionsvermögen – entscheidend, wie
leicht es Elektronen aufnehmen oder abgeben kann.

Die Energie, die man aufbringen muß, um aus einem neutralen Atom ein Elektron zu entfernen, nennt man Ionisierungsenergie. Bei den Elementen der achten Hauptgruppe ist
die Ionisierungsenergie besonders hoch. Das liegt daran, daß
die s- beziehungsweise die p-Orbitale der äußeren Schale die-

ser Elemente vollständig gefüllt sind: Helium verfügt über zwei, Neon, Argon, Krypton und Xenon verfügen über acht Valenzelektronen. Vollständig gefüllte Schalen sind besonders stabil. Deshalb sind diese Elemente so wenig reaktiv, daß man lange Zeit dachte, sie könnten keinerlei Verbindung mit anderen Elementen eingehen. Das erklärt auch ihren Namen: Weil sie sich nicht mit anderen Atomen gemein machen, nannte man sie »Edel«gase. Allerdings ist seit 1962 bekannt, daß selbst einige der Edelgase Verbindungen bilden, etwa Xenondifluorid (XeF_2) oder Xenontrioxid (XeO_3).

Auffallend niedrige Ionisierungsenergien besitzen dagegen die Elemente der ersten Hauptgruppe, die Alkalimetalle. Durch Verlust ihres einzigen Valenzelektrons können sie die stabile Elektronenanordnung der im Periodensystem vor ihnen stehenden Edelgase erlangen: Ein Natriumkation besitzt die gleiche Elektronenanordnung wie ein Neonatom. Vergleicht man die Alkalimetalle untereinander, lassen sich auch innerhalb der Gruppe noch Unterschiede bei der Ionisierungsenergie feststellen: Bei Cäsium ist sie am niedrigsten, bei Lithium dagegen am höchsten. Es ist nämlich leichter, ein Valenzelektron eines Cäsiumatoms zu entfernen, als das eines Lithiumatoms, weil es sich in einer weiter außen liegenden Schale aufhält. Hier wird es vom entgegengesetzt geladenen Kern nicht mehr so stark angezogen. Diese Tendenz bei der Ionisierungsenergie läßt sich in allen Gruppen des Periodensystems beobachten.

Die Energie, die freigesetzt wird, wenn ein Atom im Gegenzug ein zusätzliches Elektron anlagert, nennt man Elektronenaffinität. Sie ist bei den Elementen der siebten Hauptgruppe besonders hoch. Denn die Halogene Fluor, Chlor, Brom und Iod haben jeweils sieben Valenzelektronen. Nehmen sie noch ein zusätzliches Elektron auf, besitzen sie acht Valenzelektronen und erlangen auf diese Weise die stabile Elektronenanordnung eines Edelgases. Deshalb haben die

Halogene eine große Neigung, mit Elementen aus der ersten Hauptgruppe Verbindungen wie zum Beispiel das Salz Natriumchlorid zu bilden. Diese Neigung zur elektronischen Absättigung, die in Verbindungsbildung resultiert, ist so groß, daß man weder die Halogene, noch die Alkalimetalle frei, das heißt in Form ihrer Elemente, in der Natur findet. Ihre Verbindungen dagegen, wie das oben erwähnte Stein- oder Kochsalz NaCl, sind weit verbreitet.

In Kochsalz liegen beide Elemente als Ionen vor. Ionen sind geladene Teilchen, die positiven heißen Kationen, die negativen Anionen. Geladen sind Teilchen dann, wenn ihre Elektronenzahl nicht der Protonenzahl entspricht. Wenn eine chemische Verbindung entsteht, müssen sich nicht immer Ionen bilden. Es gibt noch weitere Typen von chemischen Bindungen zwischen Teilchen, die in den nächsten Kapiteln vorgestellt werden.

Von Molekülen und Festkörpern

Die chemischen Elemente sind die Grundbausteine sämtlicher Materie, alles ist aus ihnen zusammengesetzt. Das Weltall beispielsweise besteht überwiegend aus Wasserstoff, während sich in der Erdkruste vor allem Sauerstoff und Silicium finden. Nur sind die auf der Erde vorkommenden Elemente in den seltensten Fällen in reiner Form anzutreffen, statt dessen verbinden sich die Atome der meisten Elemente gerne mit Atomen anderer Elemente – wenn man einmal von den Edelgasen absieht.

Die Atome des Elementes Sauerstoff finden sich auf der Erdoberfläche zum Beispiel häufig in Wassermolekülen. Ein solches Wassermolekül besteht aus zwei Wasserstoffatomen (Symbol H) und einem Sauerstoffatom (Symbol O). In der chemischen Schreibweise wird deshalb sowohl die Substanz »Wasser« als auch das Molekül, aus dem Wasser besteht, mit der Formel H_2O beschrieben; die tiefgestellte Zahl bezieht sich auf das vorstehende Elementsymbol – also hier: Zwei Wasserstoffatome sind verbunden mit einem Sauerstoffatom In einem Teilchen wie dem Wassermolekül werden die Atome durch Kräfte zusammengehalten, die man als gerichtete chemische Bindungen – kovalente Bindungen – bezeichnet.

Die Vorstellung der kovalenten Bindung kann man auch als gezeichnetes Modell auf Papier sichtbar machen. Die Konstruktionsregeln dafür sind recht einfach. Zuerst schreibt man die Elementsymbole nieder, zum Beispiel »H« für Wasserstoff.

$$H\cdot \qquad \cdot \overset{\cdot\cdot}{\underset{\cdot\cdot}{O}}\cdot \qquad \cdot H$$

Dann ergänzt man die jeweiligen Valenzelektronen. Ein Wasserstoffatom hat ein Valenzelektron. Somit steht bereits $H\cdot$ auf dem Papier. Sauerstoff steht in der sechsten Hauptgruppe, ein Sauerstoffatom hat demnach sechs Valenzelektronen.

Nun werden alle Elektronen eines Moleküls zu Paaren kombiniert. Hierbei unterscheidet man zwei Arten: die bindenden Paare, die zwei Atomen gemeinsam sind und auf dem Papier wie ein Bindestrich zwischen ihnen stehen, sowie die freien oder nichtbindenden Elektronenpaare, die sich lediglich an einem Atom aufhalten. In der Regel hat jedes Atom der Hauptgrup-

$$H - \overset{\rule{1em}{0.4pt}}{\underset{\rule{1em}{0.4pt}}{O}} - H$$

penelemente vier bindende und /oder nichtbindende Paare in seiner unmittelbaren Umgebung, also insgesamt acht Elektronen. Von dieser sogenannten Oktettregel gibt es jedoch eine Ausnahme: Wasserstoff, das kleinste Atom, erhält immer nur ein Elektronenpaar, ein sogenanntes Dublett.

Zu guter Letzt muß bei der zeichnerischen Darstellung ei-

Vom Atom zur Modifikation

Ein chemisches *Element* ist charakterisiert durch eine bestimmte Sorte von *Atomen*, aus denen es besteht. Diese Atome müssen aber nicht einzeln vorliegen, sie können auch zu definierten Baueinheiten verknüpft sein, den *Molekülen*. Liegt ein Element in verschiedenen Erscheinungsformen vor, spricht man von *Allotropie*, die Erscheinungsformen nennt man *Modifikationen*. Die verschiedenen Modifikationen unterscheiden sich in ihrem Aufbau, also zum Beispiel darin, wieviele Atome sich zu einem Molekül zusammengetan haben, oder darin, wie die lokale Umgebung eines Atoms in einem ausgedehnten Atomverband aussieht. Ein Beispiel für Fall eins: Das Element Sauerstoff kann in zwei Modifikationen vorkommen, es besteht entweder aus zweiatomigen Molekülen (O_2, genannt Disauerstoff oder einfach Sauerstoff) oder aus dreiatomigen Molekülen (O_3, genannt Ozon). Ein Beispiel für Fall zwei: Das Element Kohlenstoff kommt in mehreren Modifikationen vor – zwei davon, Graphit und Diamant haben einen ausgedehnten Atomverband und bestehen nicht aus Molekülen. In diesen beiden Erscheinungsformen ist ein Kohlenstoffatom von

nes Wassermoleküls noch beachtet werden, daß ein Molekül ein räumliches Gebilde, also dreidimensional ist. Die vier Elektronenpaare am Sauerstoffatom – zwei davon Wasserstoffatome bindend, zwei nichtbindend – ordnen sich, da sie sich untereinander abstoßen, mit möglichst großem Abstand voneinander an: Es entsteht ein Tetraeder. Ein H_2O-Molekül ist somit gewinkelt aufgebaut. Experimentelle Messungen haben jedoch ergeben, daß der Bindungswinkel zwischen den Sauerstoff- und den Wasserstoffatomen nicht exakt tetra-

drei (Graphit) oder von vier (Diamant) anderen Kohlenstoffatomen umgeben, die ihrerseits von ebenso vielen Atomen umgeben sind. Die beiden Modifikationen unterscheiden sich also in ihrem schicht- oder gerüstartigen Aufbau. Auch eine chemische *Verbindung* besteht aus Atomen oder Molekülen. Der Unterschied zum Element: Eine chemische Verbindung enthält nicht nur eine bestimmte Sorte von Atomen, sondern zwei oder mehrere Sorten, das heißt, eine chemische Verbindung besteht aus mindestens zwei Elementen. Die Atome oder Moleküle können durch verschiedene Typen von chemischer Bindung zusammengehalten werden. Eine Verbindung ist charakterisiert durch ihre chemische Zusammensetzung und das Verknüpfungsmuster der Atome. Sind Verbindungen bezüglich ihrer Zusammensetzung und ihres grundsätzlichen Verknüpfungsmusters identisch, aber verschieden hinsichtlich ihres räumlichen Aufbaus, ihrer *Struktur*, spricht man wieder von Modifikationen. Ein Beispiel: Gefrorenes Wasser, Eis, besteht immer aus Molekülen der Zusammensetzung H_2O. Diese Moleküle können unterschiedlich arrangiert sein. Dadurch ergeben sich verschiedene Eisstrukturen, verschiedene Eismodifikationen.

edrisch ist, also 109 Grad. Statt dessen beträgt der Winkel nur etwa 104 Grad. Die Erklärung dafür ist recht einfach. Die freien Elektronenpaare am Sauerstoff haben einen größeren Platzbedarf als die bindenden Paare. Sie dehnen sich sozusagen weiter aus und zwingen damit die Bindungen, die zum Wasserstoff ragen, auf einen etwas kleineren Raum zusammen.

Nun müssen Atome eines Elements sich nicht unbedingt mit den Atomen anderer Elemente verbinden, sie können sich auch mit ihresgleichen zu Molekülen zusammentun. Chemi-

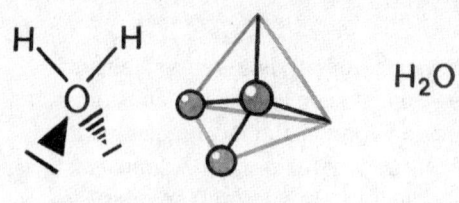

Dreidimensionale Struktur: In der Mitte des Tetraeders befindet sich das O-Atom, an den vier Ecken die H-Atome sowie die nichtbindenden Elektronenpaare.

H_2O

 zeigt an, daß eine Bindung aus der Papierebene tritt, weist hinter die Papierebene.

sche Bindungen zwischen verschiedenen Atomen nennt man heteroatomare Bindungen, zwischen den Atomen desselben Elementes heißen sie homoatomar (griechisch *homoios*: gleich und *heteros*: das andere von zweien). Beispiele für solche Moleküle mit homoatomaren kovalenten Bindungen sind das Sauerstoffmolekül O_2, beziehungsweise das Stickstoffmolekül N_2.

Bei den Bindungen im Wassermolekül handelt es sich um sogenannte Einfachbindungen. Daneben gibt es jedoch auch Doppel- oder Dreifachbindungen, wenn zwei oder sogar drei Elektronenpaare zwei Atome gemeinsam sind. In einem Sauerstoffmolekül besteht eine Doppelbindung, in einem Stickstoffmolekül befinden sich drei Bindungen zwischen den Atomen. Wie man wohl intuitiv auch vermuten würde, ist eine Dreifachbindung wesentlich stärker als eine Einfachbindung (und auch kürzer: die Atome rücken enger zusammen). Im chemischen Verhalten von Stickstoff, der als Element immer in Form dieser Moleküle auftritt, manifestiert sich dies augenfällig: Er ist reaktionsträge – inert, wie man in der Chemie sagt.

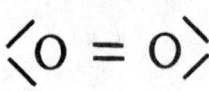

Sauerstoffmolekül

Stickstoffmolekül

Bilden Atome also durch kovalente Bindungen ein Agglomerat aus einer definierten, endlichen Zahl von Atomen, so nennt man dieses Molekül. Ein Element (Beispiel Sauerstoff) oder eine Verbindung (Beispiel Wasser) kann molekular aufgebaut sein. Eine Ansammlung von Molekülen kann fest (Eis), flüssig (Wasser) oder gasförmig (Wasserdampf) sein. Verbinden sich Atome untereinander, so entstehen aber nicht immer Moleküle, also abgeschlossene Baueinheiten. Atome können auch miteinander zu Verbindungen reagieren, deren Aufbau gekennzeichnet ist durch eine im Prinzip unendliche Wiederholung von kleinen strukturellen Einheiten, die miteinander verbunden sind. Und auch Elemente können als ein unendliches Netzwerk von miteinander verbundenen Atomen aufgebaut sein.

Stoffe, die nicht molekular konstruiert sind, sind im allgemeinen fest. Den Zweig der Chemie, der sich mit ihnen beschäftigt, nennt man deshalb auch »Festkörperchemie« und unterscheidet ihn von der Molekülchemie. Ein Beispiel soll diese beiden Kategorien verdeutlichen: Kohlenstoff (4. Hauptgruppe) und Sauerstoff (6. Hauptgruppe) können miteinander zu dem Molekül Kohlendioxid (CO_2) reagieren. Eine Ansammlung von solchen Molekülen ist unter Normalbedingungen gasförmig. Silicium dagegen (ebenfalls 4. Hauptgruppe), reagiert zwar mit Sauerstoff zu einer Verbindung SiO_2, scheinbar analog zum Kohlenstoff. Es zeigt sich aber, daß dieses Siliciumdioxid fest ist und auch sonst ganz andere Eigenschaften hat als Kohlendioxid. Der Grund dafür ist, daß sich ein großes, kontinuierliches Netzwerk ausbildet, dessen Grundbaustein ein SiO_4-Tetraeder ist. Jedes Siliciumatom ist mit vier Sauerstoffatomen kovalent verbunden, die an den Eckpunkten eines Tetraeders angeordnet sind. Viele dieser tetraedrischen Einheiten sind über gemeinsame Ecken verbunden. Da jedes Sauerstoffatom gleichzeitig zu zwei Silicium-Tetraedern gehört, ergibt sich die Summenformel SiO_2.

Die Molekülorbital-Theorie

Exakter wird der Begriff der kovalenten Bindung, wenn man auf das Konzept der Atomorbitale zurückgreift und dieses auch auf Moleküle überträgt. Der Molekülorbital-Theorie zufolge entsteht eine Bindung, wenn zwei Atomorbitale einander überlappen. Auf ein einfaches Molekül wie Wasserstoff (H_2), das aus zwei Atomen besteht, übertragen bedeutet dies, daß die beiden s-Orbitale überlappen. Es bildet sich ein Molekülorbital, dessen Ausdehnung sich über beide Kerne erstreckt. Dieses Orbital ist energieärmer als die beiden Atomorbitale, es ist daher für die beiden Elektronen vorteilhaft, sich in diesem sogenannten bindenden Molekülorbital aufzuhalten, und deshalb kommt Wasserstoff bevorzugt als zweiatomiges Molekül vor. Da die Gesamtzahl der Orbitale erhalten bleiben muß, entsteht außerdem noch ein zweites Molekülorbital, das sogenannte »antibindende«. Weil sich die Gesamtenergie des Systems jedoch nicht verändern darf, muß dieses Orbital auf der Energieskala entsprechend nach oben rutschen. Es ist im Falle des Wasserstoffmoleküls zwar leer, doch es ist trotzdem vorhanden und kann im Bedarfsfall Elektronen aufnehmen.

Welche Bedeutung dem antibindenden Orbital zukommt, wird deutlich, wenn man das fiktive Molekül He_2 betrachtet. Jedes Heliumatom bringt zwei Valenzelektronen mit. Im Molekül besetzen zwei Elektronen das energetisch niedriger liegende, bindende Molekülorbital, die anderen beiden müssen in das höher gelegene antibindende ausweichen. Damit ist das fiktive He_2-Molekül energetisch den Einzelatomen nicht überlegen, es kommt nicht zu einer bindenden Wechselwirkung zwischen den beiden Einzelatomen.

Die Metallbindung

Neben der kovalenten Bindung – die aus zwei Elektronen von zwei Atomen gebildet wird – gibt es auch andere Möglichkeiten, Atome fest aneinander zu binden. Eine davon ist die Metallbindung. Die meisten chemischen Elemente sind Metalle, sie sind elektrisch und thermisch gut leitend, glänzen, sind unter Druck leicht verformbar und besitzen ein gemeinsames Aufbauprinzip: das der möglichst dichten »Kugelpackungen«. Das bedeutet, daß sich die kugelförmigen Atome in einem Metall immer so arrangieren, daß sie eng aneinanderliegen und möglichst viele Nachbaratome berühren. Der Grund dafür ist, daß Metallatome nur wenige Valenzelektronen besitzen – die Alkalimetalle etwa nur ein einziges. Das reicht nicht aus, um in Kombination mit den Valenzelektronen eines anderen Metallatoms durch Ausbildung von gemeinsamen Elektronenpaaren »Oktettkonfigurationen« zu erreichen. Deshalb sind gerichtete Bindungen zwischen den Atomen etwa in einem Goldklumpen nicht möglich. Die Goldatome helfen sich, indem sie sich möglichst dicht »packen« und ihre Valenzelektronen in ein »Kollektivorbital« abgeben, das bindend wirkt. Anders gesagt: Die positiv geladenen Atomrümpfe sind in ein Meer von freien Elektronen, das sogenannte »Elektronengas«, eingebettet. Dieses Bild macht deutlich, warum Metalle den elektrischen Strom so gut leiten können. Denn die Träger der elektrischen Ladung sind Elektronen, die ja im Metall frei beweglich sind.

Weil der Zusammenhalt zwischen dem Verbund der positiven Atomrümpfe und dem Elektronengas sehr fest ist, besitzen Metalle meist einen hohen Schmelzpunkt. Andererseits kann man Metalle leicht verformen, etwa durch Schmieden oder Walzen. Die Ursache dafür ist, daß die Atomrümpfe in dem Elektronengas ohne großen Widerstand aneinander vorbeigleiten können.

Die Metallbindung ist auch für den Zusammenhalt in sogenannten Legierungen verantwortlich. Diese sind Verbindungen von Metallen, die weiterhin metallische Eigenschaften zeigen. Wohlbekannte Beispiele sind Bronze, die aus Kupfer und Zinn besteht, oder Messing, das sich aus Kupfer und Zink zusammensetzt.

Die Ionenbindung

Eine dritte Art von chemischer Bindung – sie wurde bereits erwähnt – sorgt beispielsweise für den Zusammenhalt in Kochsalz, im Natriumchlorid. Hier kommt es zum Austausch von Elektronen unter den beteiligten Atomen. Natrium gibt ein Elektron vollständig ab, Chlor wiederum nimmt das Elektron in seine äußere Schale auf. Nach diesem Vorgang trägt das Natriumatom eine positive Ladung, wird also ein Kation. Chlor, das Anion, trägt eine negative Ladung; dies wird in der Sprache der Chemie durch die Endung »-id«, die an den Namen des Atoms gehängt wird, ausgedrückt.

Die Ionen haben keine Möglichkeit mehr, bindende Elektronenpaare zu bilden, doch zwischen ihnen wirken elektrostatische Kräfte: Gleichartig geladene Ionen stoßen sich ab, während sich entgegengesetzt geladene Ionen anziehen. Diese Kräfte sind im Gegensatz zu einer kovalenten Bindung nicht gerichtet, sie wirken in alle Raumrichtungen. Ein Natriumion zieht deshalb so viele Chloridionen in seine Nachbarschaft, wie Platz finden, nämlich sechs. Ebenso ordnen sich sechs Kationen um das Anion an. Dadurch kommt es zu einer äußerst regelmäßigen, hochsymmetrischen Anordnung, die sich periodisch vieltausendfach wiederholt: einer ionischen Kristallstruktur. Jedes Körnchen Kochsalz besteht aus zahllosen Natrium- und Chloridionen und besitzt diesen Aufbau.

Die Ionenbindung tritt vor allem bei Verbindungen zwischen Metallen und Nichtmetallen auf. Dabei kommt es zur

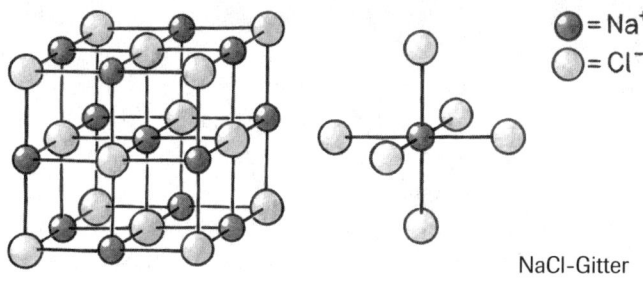

= Na⁺
= Cl⁻

NaCl-Gitter

Ausbildung recht verschiedener Kristallgitter. Bei Cäsiumchlorid etwa beträgt das Verhältnis von Anion zu Kation wie im Natriumchlorid eins zu eins. Doch die Struktur ist verschieden: Um ein Cäsiumion scharen sich acht Chloridionen; ebenso umgeben acht Kationen jeweils ein Anion. Der Grund dafür ist der größere Radius des Cäsiumkations, das in der sechsten Periode steht, also bereits sechs Elektronenschalen aufweist. Natrium steht dagegen in der dritten Periode. Es ist leicht einzusehen, daß sich um ein größeres Kation mehr gleichartige Anionen scharen können als um ein kleineres.

Ionenverbindungen haben typische Eigenschaften, die sich auf den gitterartigen Aufbau zurückführen lassen. Beispielsweise haben sie im festen Zustand eine schlechte elektrische Leitfähigkeit, geschmolzen können sie den Strom jedoch gut leiten. Dies ist auf die Beweglichkeit der dann freien Ionen

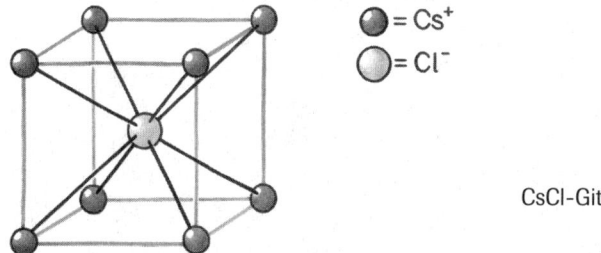

= Cs⁺
= Cl⁻

CsCl-Gitter

zurückzuführen. Im Kristallgitter sind sie dagegen fest gebunden.

Außerdem sind ionisch aufgebaute Verbindungen sehr hart und schmelzen erst bei hohen Temperaturen (NaCl zum Beispiel bei 801 Grad Celsius). Grund dafür sind die starken Anziehungskräfte zwischen den unterschiedlich geladenen Ionen, für deren Trennung man sehr viel Energie – sei es mechanische oder thermische – aufwenden muß. Im Gegensatz zu den Metallen sind Ionenverbindungen spröde. Wollte man einen Ionenkristall verformen, müßten einzelne Schichten gegeneinander verschoben werden. Dabei würden jedoch starke Abstoßungskräfte auftreten, da sich gleich geladene Ionen nahe kämen.

Elektronegativität

Kovalente und ionische Bindung sind zwei extreme Bindungstypen. Sie markieren die beiden Endpunkte einer Skala. Tatsächlich liegt dazwischen ein weiter Bereich, in dem chemische Bindungen von beidem etwas haben und demnach entweder mehr ionischen oder aber eher kovalenten Charakter aufweisen. Denn wenn Atome durch eine kovalente Bindung miteinander verknüpft sind, ist die Verteilung der Bindungselektronen nicht immer gleichmäßig. Dies ist nur der Fall bei Molekülen wie N_2 oder O_2. Sobald verschiedenartige Atome aufeinandertreffen, wie in Kohlenmonoxid (CO) oder Stickstoffmonoxid (NO), sind die Bindungen mehr oder weniger polar, da einer der beiden Atomkerne die Elektronen stärker zu sich heranzieht. Ein Maß für diese Anziehungskraft ist die Elektronegativität. Den Bindungspartner, der die Elektronen stärker zu sich herüberzieht, nennt man elektronegativer; den anderen elektropositiver. Als Folge dieser Elektronenverschiebung tragen beide Atome eine – positive beziehungsweise negative – Partialladung.

Der Begriff Elektronegativität – er ist nicht mathematisch definierbar, sondern auf Basis empirischer Beobachtungen vereinbart – geht auf Linus Pauling (1901 – 1994) zurück. Er stellte 1932 eine erste empirische Skala auf, die Werte von etwa eins bis vier enthält. Fluor ist in dieser Skala das Element mit der größten Elektronegativität. Das bedeutet, daß das Fluoratom in einer Bindung mit allen anderen Atomen immer die Neigung dazu hat, die Elektronen des Bindungspaares zu sich zu ziehen. Der Grund für die starke Elektronegativität des Fluors ist in seinem kleinen Radius zu finden. Ein Fluoratom besitzt sieben Elektronen – also sieben negative Ladungen – in seiner äußeren Schale. Diese werden von den Protonen im Atomkern sehr stark angezogen. Bei Elementen, die vor Fluor im Periodensystem stehen (etwa Stickstoff, Sauerstoff), ist diese Anziehung weniger stark und der Radius somit größer. Elemente, die im Periodensystem auf Fluor folgen, besitzen weitere Schalen und sind deshalb größer.

Das Element mit dem geringsten Elektronegativitätswert ist entsprechend das Francium, das in der ersten Hauptgruppe und der siebten Periode zu finden ist. Es hat den größten Atomradius. Für die Eigenschaften von Molekülen sind Elektronegativitätsbetrachtungen recht wichtig, denn die Polarität von Bindungen gibt entscheidende Hinweise darauf, wie ein Molekül reagieren kann.

Es reagiert!

Chemie ist die Lehre vom Aufbau und der Umwandlung der Stoffe, das bedeutet, chemische Reaktionen sind solche, bei denen Bindungen zwischen Atomen getrennt und Atome zu neuen Verbindungen zusammengefügt werden. Was auch immer im Reaktionskolben passiert – veranschaulichen läßt es sich dank der einheitlichen Formelsprache auch auf dem Papier. Etwa die Reaktion zwischen einem Stückchen elementarem Natrium und der Verbindung Wasser. Sobald das Natrium das Wasser berührt, saust es zischend auf der Oberfläche umher. Dabei zeigt sich eine kleine Flamme, es brennt. Auf dem Papier lautet diese heftige Reaktion schlicht:

$$Na + H_2O \rightarrow NaOH + 1/2\ H_2$$

Bei der Reaktion entsteht aus Natriummetall und Wasser Natriumhydroxid sowie Wasserstoff, der bei der Reaktion verbrennt. Natrium und Wasser nennt man Edukte, da man sie in die Reaktion »hineinsteckt«; Natriumhydroxid und Wasserstoff sind die Produkte.

Im Prinzip sind diese Reaktionsgleichungen mathematische Gleichungen. Jedes Atom, das auf der linken Seite steht, muß sich auch rechts wiederfinden – nur in einer anderen Verknüpfung als zuvor. Auf beiden Seiten des Pfeiles findet man ein Na, zwei H sowie ein O (die Formulierung $1/2\ H_2$ trägt der Tatsache Rechnung, daß sich die bildenden Wasserstoffatome sofort zu zweiatomigen Molekülen kombinieren).

Aus einem Natriumatom und einem Wassermolekül entsteht also ein Molekül Natriumhydroxid sowie ein halbes Molekül Wasserstoffgas. Tatsächlich findet diese Reaktion im Kolben natürlich unzählige Male statt, denn ein Natriumstückchen besteht nicht nur aus einem einzigen Atom, ebenso wie ein Glas Wasser weitaus mehr als ein Molekül enthält. Die Reaktionsgleichung ist einfach nur auf den kleinsten gemeinsamen Nenner gebracht.

Nun stelle man sich jemanden vor, der ein Stück Natrium hat, das genau 23 Gramm wiegt. Er möchte dazu soviel Wasser geben, daß daraus Natriumhydroxid entsteht. Allerdings soll weder Wasser, noch Natrium unverändert zurückbleiben. Er müßte dann wissen, wie viele Atome in seinem Metallstückchen stecken und genauso viele Moleküle Wasser dazugeben. Es gibt zwar keine Möglichkeit, Atome oder Moleküle abzuzählen, aber in einem Labor stehen Waagen. Man braucht ja eigentlich nur zu wissen, wieviel ein Wassermolekül und ein Natriumatom wiegen, schon kann man den Wasserbedarf für die 23 Gramm Natrium ausrechnen.

Tatsächlich hat jedes Atom ein für das Element spezifisches Gewicht. Da diese Zahl jedoch winzig klein und dadurch sehr schwer zu handhaben ist, hat man die sogenannte relative Atommasse eingeführt. Danach wiegt eine bestimmte Menge an Kohlenstoffatomen des Isotops ^{12}C genau 12 Gramm. Diese Anzahl von Atomen beträgt exakt $6,022 \cdot 10^{23}$. Weil das eine unhandliche Zahl ist, nennt man sie »1 Mol«. Sie wird auch Loschmidtsche oder Avogadrosche Zahl genannt und läßt sich aus physikalischen Daten berechnen. Auf das Gewicht des Kohlenstoffatoms beziehen sich die relativen Atommassen. Ein Mol Natrium zum Beispiel enthält ebenfalls $6,022 \cdot 10^{23}$ Atome, wiegt jedoch 23 Gramm. Ein Mol Gold bringt bereits 197 Gramm auf die Waage. Die Atomgewichte sämtlicher Elemente sind in Listen aufgeführt. Häufig findet man sie auch im Periodensystem, als zweite Zahl neben der Ordnungszahl. Bei Kohlenstoff findet sich beispielsweise die Gewichtsangabe 12,0107. Der Wert ist nicht exakt 12,0000, weil neben dem Isotop ^{12}C in der Natur auch das schwerere Isotop ^{13}C vorkommt, allerdings nur zu einem geringen Anteil. Deshalb wird im Periodensystem die Atommasse immer gemittelt für das natürliche Isotopengemenge angegeben. Bei den künstlich erzeugten radioaktiven Elementen ist das Gewicht stets abhängig vom Weg der Herstellung. Üblicherweise wird dann die Massezahl des Isotops mit der längsten Halbwertszeit angegeben.

Zurück zum Experiment. 23 Gramm Natrium sind genau $6,022 \cdot 10^{23}$ Atome, also ein Mol. Daher wird für die angestrebte Umsetzung auch die Menge von einem Mol Wasser benötigt, was wiederum der Menge von $6,022 \cdot 10^{23}$ Wassermolekülen entspricht. Das Atomgewicht von Wasser erhält man einfach durch Addition der Atomgewichte der konstituierenden Elemente, also zweimal 1,0 für Wasserstoff und einmal 16,0 für Sauerstoff, macht 18,0. Es werden also 18 Gramm Wasser dazu benötigt, das Metallstückchen komplett in Natriumhydroxid zu überführen. Auf dieselbe Weise läßt sich auch berechnen, welche Produktmengen entstehen, nämlich 40 Gramm Natriumhydroxid (23 + 16 + 1) und 1 Gramm Wasserstoff. Die Summe der Massen auf beiden Seiten ist identisch.

Der Begriff des Mols erscheint konstruiert und schwer verständlich, doch er erleichtert das chemische Rechnen ungemein. Wie bei einem Kuchenrezept ist es nämlich auch im Labor sinnvoll, aufeinander abgestimmte Mengen zu einer Reaktion zusammenzugeben. Hat man statt 23 Gramm Natrium nur die Hälfte, also 11,5 Gramm zur Verfügung, ist sofort klar, daß zur kompletten Umsetzung ein halbes Mol, also 9 Gramm Wasser ausreichen. Wie bei einem kleineren Kuchen wird das »Rezept« einfach halbiert. Ein anderes Beispiel: Aus Natrium und Chlor soll Natriumchlorid hergestellt werden. Die Reaktionsgleichung dazu lautet:

$$Na + 1/2\ Cl_2 \rightarrow NaCl$$

Chlor liegt – wie Wasserstoff im ersten Beispiel – als zweiatomiges Molekül vor. Abwiegen müßte man 23 Gramm Natrium sowie 35,5 Gramm Chlorgas, gemäß den Atomgewichten, um eine quantitative Umsetzung zu erzielen.

Thermodynamische Betrachtungen

Reaktionsgleichungen enthalten einen Pfeil, kein Gleichheitszeichen. Der Pfeil gibt an, in welche Richtung die Reaktion verläuft. Natrium und Chlor reagieren zu Natriumchlorid, aber niemand würde erwarten, daß ein Körnchen Kochsalz spontan in Natrium und Chlor zerfällt. Warum ist diese Reaktion offenbar eine Einbahnstraße? Früher dachte man, daß die Wärmemenge, die häufig während einer Reaktion frei wird, eine Art Triebkraft der Reaktion darstellt. Denn wenn Wärme bei einer Reaktion frei wird, sollten die entstehenden Verbindungen energieärmer sein, als es die Edukte waren, und je energieärmer ein Stoff ist, desto stabiler ist er auch. Das entspricht dem ersten Hauptsatz der Thermodynamik, der ganz allgemein formuliert lautet, daß ein System immer den Zustand niedrigster Energie anstrebt.

Doch es gibt auch Reaktionen, die unter Abkühlung stattfinden beziehungsweise nur stattfinden können, wenn man von außen Wärme zuführt. Daher scheinen noch weitere Faktoren eine Rolle zu spielen, nicht nur die Energie in Form von Wärme, die man auch »Enthalpie« (griechisch *thalpein*: erwärmen) nennt.

Mit Energiebetrachtungen, also den Gesetzen der Thermodynamik, beschäftigt man sich intensiv in dem Teilbereich der Chemie, der Physikalische Chemie genannt wird. Der zweite Hauptsatz der Thermodynamik besagt, daß Umwandlungen bevorzugt so verlaufen, daß dabei die sogenannte »Entropie« (griechisch *entrepein*: umkehren) zunimmt. Die Entropie ist ein Maß für die Unordnung und ebenfalls eine Form von Energie. Kochsalz, das in einem Glas Wasser aufgelöst ist, hat mehr Entropie als ein Salzkristall. Ein Zuwachs von Entropie bedeutet ebenso wie ein Verlust von Enthalpie, daß das System energieärmer, also stabiler wird.

Es darf aber natürlich nicht nur die Entropieänderung der Reaktion betrachtet werden, zusätzlich muß auch die Umgebung in Betracht gezogen werden. Diese ist durch zwei Faktoren bestimmt: zum einen durch die Energie, die während der Reaktion abgegeben oder aufgenommen wird, zum anderen durch die »Arbeit«, die eine Reaktion an der Umgebung leistet. Dies ist beispielsweise der Fall, wenn bei einer Reaktion ein Gas frei wird. Da das Gas ein großes Volumen benötigt, dehnt es sich aus und verrichtet dabei Arbeit an der Umgebung (es kann beispielsweise einen Kolben nach oben drücken).

Betrachtet man nur die Entropie, dann sollten Kochsalzkristalle wirklich spontan in Metall und Gas zerfallen. Bei der Kochsalzbildung ist es aber so, daß eine so große Wärmemenge freigesetzt wird, daß die Enthalpie den Entropieverlust überkompensiert. Daher sind die Salzkörnchen stabil.

In der Thermodynmik wurde für diese Betrachtung der Begriff der »Freien Enthalpie« eingeführt, der alle drei Faktoren (Enthalpie, Entropie und Volumenarbeit) berücksichtigt. Definitionsgemäß muß die Freie Enthalpie abnehmen, damit eine Reaktion stattfinden kann. Ein einfaches Bild dafür ist eine Kugel auf einem Hügel, die hinunterrollen kann, aus einer Senke wird die Kugel hingegen nicht von selbst auf den Hügel hinaufrollen. Der Weg vom Edukt zum Produkt ist leider selten so einfach wie in dem Bild. Meist liegt zwischen Berg und Tal eine mehr oder weniger große Barriere, die überwunden werden muß. Denn bei einer chemischen Reaktion werden Bindungen gelöst und neu geknüpft. Für dieses anfängliche Öffnen von Bindungen wird Energie gebraucht. Sie muß erst einmal in das System hineingesteckt werden, das heißt: Die Kugel muß erst einmal mit fremder Hilfe den Berg hinaufgeschoben werden, wo sie sich in einem Übergangszustand befindet. Einmal dort oben angekommen, rollt sie von selbst hinunter. Das bedeutet nichts anderes, als daß die meisten Reaktionen einen Anstoß brauchen. Sie müssen erwärmt werden oder gerührt, manche benötigen auch intensives Licht. Das Erhitzen ist allerdings oft eine zweischneidige Sache. Zum einen macht es chemische Produktionsverfahren teuer, zum anderen sind Edukte oder Produkte manchmal bei höheren Temperaturen nicht stabil, sondern können zerfallen oder weiterreagieren. Ein anderer Trick, die Reaktion in Gang zu bringen, besteht in der Verwendung von Katalysatoren. Sie senken die Freie Enthalpie des Übergangszustandes, indem sie mit den Reaktionspartnern auf bestimmte Weise wechselwirken. Ein Beispiel: Wasserstoff und Sauerstoff reagieren bei Zimmertemperatur und normalem Luftdruck nicht miteinander. Bringt man sie jedoch in Gegenwart von feinstverteiltem Platinmetall zusammen, entsteht aus beiden Gasen Wasser. Das Platinmetall wird weder verbraucht noch verändert – eine typische Eigenschaft eines Katalysators, auf den in einem späteren Kapitel noch die Rede kommen wird.

Säure-Base-Reaktionen

Chemische Reaktionen können katalogisiert werden. Man unterscheidet zum Beispiel Säure-Base-Reaktionen und Redoxreaktionen. Reaktionen der ersten Art finden – wie der Name schon sagt – zwischen einer Säure und einer Base statt. Eine nützliche Klassifikation von Säuren und Basen entwickelte der dänische Chemiker Johannes Brønsted (1879 – 1947). Eine Säure ist seinem Konzept zufolge ein »Protonen-Donator«, das heißt sie kann positiv geladene Wasserstoffionen (H^+) abspalten und einem Reaktionspartner »spenden«. Eine Base dagegen nimmt diese Ionen auf; sie ist der »Protonen-Akzeptor«. Die einfachste Reaktionsgleichung, die man sich zwischen einer Säure und einer Base denken kann, lautet:

$$H_3O^+ + OH^- \rightarrow 2\,H_2O$$

Hier neutralisieren sich die Säure und die Base. Aus einem Oxoniumkation (H_3O^+) und einem Hydroxylanion (OH^-) entsteht Wasser. Auch bei dieser Gleichung gilt wieder der Grundsatz: Rechte und linke Seite müssen die gleiche Bilanz aufweisen – auch im elektrischen Sinne. Wasser selbst ist ein sogenannter Ampholyt: Es kann sowohl als Säure als auch als Base reagieren. Zwei Beispiele, die Reaktion von Wasser mit

Salzsäure (in Wasser gelöster Chlorwasserstoff) und die Reaktion von Wasser mit Ammoniakwasser (in Wasser gelöster Ammoniak):

$$HCl + H_2O \rightarrow Cl^- + H_3O^+$$
(Wasser als Base nimmt ein Proton auf)

$$H_2O + NH_3 \rightarrow OH^- + NH_4^+$$
(Wasser als Säure gibt ein Proton ab)

Ein wichtiger Kennwert für Säuren und Basen ist der sogenannte pH-Wert. Er bewegt sich zwischen den Zahlen 0 und 14 und ist ein Maß für den Säuregrad. Eine Lösung mit einem pH-Wert von 7,0 ist neutral. Liegt der pH-Wert höher, ist die Lösung basisch (auch alkalisch genannt). Ein niedrigerer pH-Wert entspricht einer sauren Lösung. Der pH-Wert ist definitionsgemäß der »negative dekadische Logarithmus des Zahlenwerts der Wasserstoffionen-Konzentration«. Das klingt recht kompliziert, läßt sich aber anschaulich beschreiben:

Beträgt etwa der pH-Wert einer Lösung 3,5, so ist die Wasserstoffionen-Konzentration $10^{-3,5}$ pro Liter Lösung (das entspricht 0,00032 Mol H^+ pro Liter Lösung). Am Neutralpunkt (pH 7) beträgt diese Konzentration exakt 10^{-7} (entsprechend 0,0000001 Mol H^+ pro Liter). In einer basischen Lösung gibt es noch viel weniger Wasserstoffionen, der pH-Wert ist demnach größer. Die menschliche Haut zum Beispiel weist einen pH-Wert von etwa 5,5 auf, ist also schwach sauer. Dieser Säuremantel der Haut schützt vor Bakterien oder Pilzen, kann aber durch den Angriff alkalischer Stoffe wie Seifen und Waschmittel zerstört werden.

Redoxreaktionen

Redoxreaktionen sind die zweite wichtige Gruppe von Reaktionstypen. Der Name weist auf die beiden wichtigen Teilschritte hin: die *Red*uktion und die *Ox*idation. Bei diesen beiden Vorgängen werden zwischen den beteiligten Atomen Elektronen ausgetauscht. Ein Reaktionspartner gibt Elektronen ab, er wird oxidiert. Man nennt ihn auch Reduktionsmittel, denn er überträgt die Elektronen auf den anderen Reaktionspartner, der damit reduziert wird. Diesen bezeichnet man im Gegenzug als Oxidationsmittel.

Eine typische Redoxreaktion ist etwa die Bildung von Rost. Wenn Eisen rostet, geben die Eisenatome Elektronen an den Sauerstoff ab, der in der Luft ist. Dabei werden sie zu zwei- und dreifach positiv geladenen Eisenionen oxidiert. Sauerstoffatome nehmen diese Elektronen auf und werden zu Oxidionen reduziert. Die Eisenionen und die Oxidionen verbinden sich zu Eisenoxiden, reagieren aber auch noch weiter mit der Feuchtigkeit der Luft zu Eisenhydroxiden. Diese scheiden sich auf der Eisenoberfläche ab, ihre charakteristische Rotbraunfärbung wird als Rost bezeichnet. Auch die Bildung von Wasser aus Wasserstoffgas und Sauerstoffgas ist eine Redoxgleichung. Als Gase tragen die Atome noch die Oxidationszahl 0, im Wassermolekül dann +1 bzw. −2.

Die Rolle der Lösungsmittel

Viele chemische Reaktionen können nur dann stattfinden, wenn die miteinander reagierenden Stoffe gelöst vorliegen, deshalb benötigt man Lösungsmittel. Diese Flüssigkeiten können andere Stoffe dazu bringen, sich so in ihnen zu verteilen, daß die Moleküle, Ionen oder Atome vereinzelt vorliegen. Es gibt sehr viele verschiedene Mittel, die es ermöglichen, die unterschiedlichen Substanzen zu lösen und verschiedene Reaktionen zwischen ihnen zu fördern. Man kennt das aus dem Haushalt: Einen Ölfleck kann man aus der Kleidung entfernen (das heißt lösen), wenn man Benzin verwendet, dagegen lösen sich Zucker oder Salz wunderbar in Wasser. Der Ausdruck Salz wird in der Chemie ganz allgemein für Verbindungen verwendet, die aus Ionen aufgebaut sind. Den Lösungsvorgang stellt man sich folgendermaßen vor: Um ein Salz zu lösen, das heißt seine (geladenen) Ionen voneinander zu trennen, muß die elektrostatische Anziehung zwischen ihnen überwunden werden. Dies geschieht, indem sich Wassermoleküle zwischen die Ionen drängen. Wassermoleküle können das, weil sie wie die Salzmoleküle selbst polar aufgebaut sind. Wegen seiner polaren Bindung trägt das Sauerstoffatom im gewinkelten Wassermolekül eine negative Partialladung, die beiden Wasserstoffatome besitzen umgekehrt eine leicht positive Ladung. Man bezeichnet ein Wassermolekül deshalb als Dipol und betrachtet es vereinfacht als ein stäbchenförmiges Teilchen, dessen beide Enden entgegengesetzt geladen sind. Aus diesem Grund können Wassermoleküle mit ihrem negativen Ende mit den positiv geladenen Kationen wechselwirken und sich an sie anlagern, mit den positiv geladenen Enden dagegen arrangieren sie sich um die Anionen. So werden die Ionen auseinandergedrängt und einzeln im Wasser verteilt. Die gelösten Ionen sind von einer Hülle aus Wassermolekülen umgeben, man sagt, sie sind hydratisiert.

Grundsätzlich ist die Hydratation ein Spezialfall einer sogenannten Komplex- oder Koordinationsreaktion (lateinisch *complexus*: Umarmung), bei der es sich weder um eine Säure-Base- noch um eine Redoxreaktion handelt. Dieser Reaktionstyp beruht auf relativ schwachen Bindungen, die sich zwischen bestimmten Molekülen und Ionen ausbilden können. Wurde zum Beispiel ein Kupferion hydratisiert, befinden sich vier Wassermoleküle in seiner Umgebung:

$$Cu^{2+} + 4\,H_2O \;\rightarrow\; Cu(H_2O)_4^{2+}$$

Dieser Kupfer-Wasser-Komplex ist immer noch ein Kation. Er kann wieder mit einem Anion reagieren und eine salzartige Verbindung bilden, die man als Komplex- oder Koordinationsverbindung bezeichnet. Sie hat andere Eigenschaften als das wasserfreie Salz, das ursprünglich gelöst wurde, selbst wenn das Anion das gleiche ist. Zum Beispiel ist wasserfreies Kupfersulfat ($CuSO_4$) farblos, die wasserhaltige Komplexverbindung dagegen tiefblau.

Katalyse

Katalysatoren sind wahre Wunderstoffe. Sie erhöhen die Geschwindigkeit einer erwünschten chemischen Reaktion, unterdrücken ungewollte Nebenreaktionen und werden dabei noch nicht einmal verbraucht. Katalysatoren sind deshalb für technische Prozesse in der chemischen Industrie enorm wichtige Substanzen. Ihre große Bedeutung läßt sich allein daran ermessen, daß über neunzig Prozent aller chemischen Produkte im Laufe ihrer Herstellung einmal mit einem Katalysator in Berührung gekommen sind.

Auch in der Natur spielen Katalysatoren ihre überaus wichtige Rolle, dort heißen sie allerdings Enzyme. Die Aufgabe eines Enzyms ist es, im Stoffwechsel eine ganz bestimmte Reaktion zu katalysieren. Das Enzym geht dabei ganz selektiv vor: Es wählt aus dem riesigen Angebot genau eine Molekülsorte und setzt diese zu einem bestimmten Produkt um. Zudem läuft diese perfekte Reaktion bei sehr milden Bedingungen ab. Wie so oft ist die Natur damit ein unerreichtes Vorbild. Künstlich geschaffene Katalysatoren sind meist nicht so selektiv und benötigen bei ihrer Arbeit häufig vergleichsweise hohe Temperaturen oder Drücke. Dennoch tragen sie entscheidend dazu bei, eine chemische Synthese effizient und kostengünstig zu gestalten – und machen viele Reaktionen überhaupt erst möglich.

Beispielhaft sei dafür die Synthese von Ammoniak (NH_3) aus dem in der Luft enthaltenen Stickstoff (N_2) erläutert. Seit vielen Jahrzehnten werden weltweit riesige Mengen Ammoniak nach dem Haber-Bosch-Verfahren produziert, rund 85

Prozent dieses Ammoniaks werden zu Düngemitteln weiterverarbeitet. Die Grundlagen für diesen Prozeß erforschte der Chemiker Fritz Haber (1868 – 1934), während der Industrielle Carl Bosch (1874 – 1940) die Methode in ein großtechnisches Verfahren umsetzte, mit dem 1914 bei der BASF begonnen wurde. Man erhitzt dabei ein Gemisch von Stickstoffgas (aus der Luft) und Wasserstoffgas (aus Wasser und Erdgas) auf etwa 500 Grad Celsius und läßt es unter einem Druck von rund 200 bar über einen Katalysator strömen. An dessen Eisenkörnchen, die geringe Mengen an Kalium, Calcium sowie Aluminium enthalten, vereinigen sich die beiden Gase zu Ammoniak nach der Reaktionsgleichung:

$$N_2 + 3\,H_2 \ \rightarrow 2\,NH_3$$

Welche exakte Funktion der Katalysator bei dieser Reaktion besitzt, blieb lange unklar. Erst spezielle moderne Untersuchungsmethoden der Oberflächenchemie gaben in neuerer Zeit Aufschluß darüber, was die Eisenkörnchen bewirken. Sie binden demnach an ihrer Oberfläche Stickstoffmoleküle und schwächen auf diese Weise die sehr feste Bindung zwischen den beiden Stickstoffatomen. Diese kann dann mit wenig Energieaufwand aufgebrochen werden. Die einzelnen Stickstoffatome – weiterhin an die Katalysatoroberfläche gebunden – reagieren in der Folge rasch mit Wasserstoffatomen zu Ammoniak.

Das Haber-Bosch-Verfahren ermöglichte es Deutschland im Ersten Weltkrieg, große Mengen an Ammoniak zu produzieren. Dieser wurde dringend für die Herstellung von Düngemitteln und vor allem von Sprengstoffen benötigt, denn Deutschland war während des Krieges von der Versorgung mit Salpeter (Natriumnitrat, $NaNO_3$) aus Chile abgeschnitten – ein bis dahin unabdingbarer Rohstoff für Schießpulver und Dünger. Ohne die industrielle Ammoniaksynthese wäre der Krieg vielleicht schneller beendet gewesen. Aber davon unabhängig muß die Leistung von Haber und Bosch als bedeutend und wegbereitend für die Entwicklung der technischen Chemie auf dem Gebiet der katalytischen Prozesse gewertet werden.

Den größten Bekanntheitsgrad unter den Katalysatoren besitzt sicherlich der Abgasentgifter, der in Kraftfahrzeuge eingebaut wird. Er entfernt giftiges Kohlenmonoxid (CO) sowie Stickoxide (NO_x) aus dem Autoabgas und trägt damit entscheidend dazu bei, den sogenannten »Sauren Regen« zu vermindern. Seine katalytisch wirksame Edelmetallschicht besteht aus Platin oder Rhodium, sie reduziert Stickstoffmonoxid (NO) zu elementarem Stickstoff (N_2) und oxidiert gleichzeitig Kohlenmonoxid (CO) zu Kohlendioxid (CO_2). Beide Produkte sind unschädliche Gase. Wie man heute weiß, binden sich die Edukte an die Metalloberfläche. Dabei dissoziiert das Stickoxid, es zerfällt in seine konstituierenden Atome. Das Sauerstoffatom verbindet sich auf der Katalysatoroberfläche mit Kohlenmonoxid zu Kohlendioxid. Das verbliebene Stickstoffatom vereint sich anschließend mit einem zweiten zu einem Stickstoffmolekül.

Klassische Katalysatoren, wie in den beiden Beispielen vorgestellt, sind Metalle wie Platin, Nickel oder Eisen. Doch finden in der Industrie auch ganz andere Katalysatoren Verwendung. Die Rede ist hier von den Alumosilicaten, die man in der Natur findet, die man aber auch im Labor synthetisieren kann. Sie enthalten Aluminium, Silicium sowie Sauerstoff neben weiteren Elementen. Diese Atome bauen in vielen Alumosilicaten ein dreidimensionales Gerüst auf, das Hohlräume bestimmter Größe hat. Weil Moleküle durch die Poren und Kanäle des Gerüstes wandern können, erhielten die Substanzen den Beinamen Molekularsiebe.

Mittlerweile steht für den Gebrauch als Katalysator eine ganze Palette synthetischer Molekularsiebe zur Verfügung, die je nach Zusammensetzung verschiedene Porengrößen aufweisen. Sie werden bevorzugt in der petrochemischen Industrie eingesetzt, etwa bei der Produktion von Kraftstoffen. Ein Maß für die Qualität von Kraftstoffen ist ihre Octanzahl: Je höher die Octanzahl, desto »klopffester« das Benzin. Verzweigte Kohlenwasserstoffe erhöhen die Octanzahl, während kettenförmige Moleküle die Qualität mindern. Deshalb müssen diese linearen Moleküle selektiv entfernt werden. Man wählt dazu ein Molekularsieb, in dessen kanalförmige Hohlräume sich die kettenförmigen Kohlenwasserstoffe hineinschlängeln können. In dem Katalysator werden sie in kleinere Moleküle zerlegt – »gecrackt« –, die anschließend wegen ihres niedrigen Siedepunktes abdestilliert werden können. Umgekehrt können die winzigen Poren eines Molekularsiebes auch dazu genutzt werden, darin gezielt ein Produkt entstehen zu lassen, das eine ganz bestimmte Größe und Geometrie aufweisen soll.

Als letztes Beispiel sollen die Katalysatoren erwähnt werden, mit deren Hilfe Massenprodukte entstehen, die jeder fast täglich in den Händen hält: Die Rede ist von bestimmten Kunststoffen, etwa Polyethylen oder Polypropylen. Man findet sie beispielsweise in Gehäusen von Computern, Stereoanlagen oder Haushaltsgeräten sowie als Lebensmittelbehälter oder -folien. Diese beiden Kunststoffe bestehen aus Makromolekülen: Jeweils zigtausende gleichartiger kleiner Kohlenwasserstoffmoleküle haben sich zu langen Ketten aufgereiht. Dies sind Ethen oder Propen, sogenannte Alkene, die eine Doppelbindung enthalten.

Wenn sie sich aneinanderlagern, sind daran sogenannte Ziegler-Natta-Katalysatoren beteiligt, die nach den Forschern bezeichnet wurden, die sie entwickelten: Karl Ziegler (1898 – 1973) und Giulio Natta (1903 – 1979). Diese Katalysatoren sind metallorganische Verbindungen und werden auch Metallocene genannt. Sie bestehen aus einem zentralen Metallteilchen – etwa Titan oder Aluminium – und daran ge-

bundenen organischen Baugruppen. Während der Polymeri-
sation spielen sich vereinfacht beschrieben folgende Prozesse
ab: Ein Ethen- oder Propenmolekül heftet sich an den Katalysator. Dann schiebt sich ein zweites Alkenmolekül in diese
Bindung hinein. Die Polymerkette baut sich durch solche
wiederholten Insertionen auf, wobei sich der Anfang der Kette immer weiter vom Katalysator entfernt.

Ziegler-Natta-Katalysatoren sind bereits seit vielen Jahren bekannt, in der jüngsten Vergangenheit haben sie jedoch
entscheidende Weiterentwicklungen erfahren. So ist es nun
möglich, die Mikrostruktur von Kunststoffen ganz gezielt
einzustellen. Polypropylen etwa besteht aus einer langen, ge-
radlinigen Kette, aus der in regelmäßigen Abständen kleine
Seitenketten hervorragen. Diese können in zwei unterschiedliche Richtungen zeigen. Stehen sie wie die Zinken eines
Kamms parallel nebeneinander, so spricht man von isotakti-
schem Polypropylen. Dieser Kunststoff ist mit konventionellen Ziegler-Natta-Katalysatoren zugänglich und verhält sich
hart und spröde. Zu einem weichen, verformbaren Polymer
gelangt man dagegen, wenn die Seitengruppen ungeregelt in
beide Richtungen weisen. Dazu benötigt man die neuartigen
Metallocen-Katalysatoren. Ihre organischen Baugruppen
sind so ausgewählt, daß sie das Alkenteilchen bei der Inserti-
on in eine ganz bestimmte Ausrichtung zwingen. Da sich die
Mikrostruktur durch das entsprechende Design eines Katalysators erzielen läßt, können nunmehr aus den gewöhnlichen
und preiswerten Olefin-Bausteinen neuartige Kunststoffe erschaffen werden, deren Eigenschaften geradezu eingestellt
werden können.

Diese Entwicklung verdeutlicht einen Trend in der Kata-
lysatorforschung. Fritz Haber testete noch – vergleichsweise
wahllos – über tausend verschiedene Substanzen, bis er den
wirksamsten Katalysator für die Ammoniaksynthese gefunden hatte. Heutzutage ist ein wesentlich planvolleres Vorge-

hen möglich. Moderne Untersuchungsmethoden verfolgen die Abläufe auf molekularer Ebene. Diese Einblicke in die Wirkungsweise eines Katalysators sind die Grundlage für eine gezielte Optimierung.

Aber auch bei der Suche nach völlig neuen Katalysatoren kommen die Forscher schneller voran, da sie sich zum Beispiel auf kombinatorische Methoden stützen können. Dieses Verfahren stammt aus der Pharmaforschung, wo ebenfalls ein großes Interesse besteht, in kurzer Zeit möglichst viele neue Substanzen herstellen und auf ihre Wirkung testen zu können. Im Prinzip arbeiten die Wissenschaftler dabei mit Platten, die in etwa hundert winzige Reaktionsfelder aufgeteilt sind. Jedes dieser Felder beinhaltet einen Katalysator. Sie werden hergestellt, indem man nacheinander verschiedene Reagenzien auf die Platte aufbringt, dabei aber stets einen Teil der Felder mit Masken abdeckt. Schon mit einigen wenigen Arbeitsgängen und verschiedenen Masken läßt sich erreichen, daß jedes Feld auf der Platte eine andere Zusammensetzung aufweist. Die Katalysatoren auf einer Platte können anschließend parallel getestet werden, was ebenfalls Zeit spart.

Die Natur mit ihren perfekt arbeitenden Enzymen ist schließlich ein weiterer Ideengeber für die Forscher. Zwar kommen diese Enzyme nur in geringen Mengen vor und sind zudem Substanzen mit ausgedehnten, komplexen Strukturen, doch wenn ihre Isolierung und die Analyse des strukturellen Aufbaus gelingt, ist das der erste Schritt auf dem Weg zu Katalysatoren aus der Retorte, die ihren natürlichen Vorbildern an Leistung in nichts nachstehen.

Ein wenig Physik

Die Elemente des Periodensystems nehmen verschiedene Aggregatzustände ein. Unter normalen Bedingungen sind zwei Elemente flüssig, nämlich Brom und Quecksilber. Weitere elf Elemente sind Gase (Wasserstoff, Sauerstoff, Stickstoff, Fluor, Chlor sowie die sechs Edelgase). Alle übrigen sind fest. Diese Einteilung in fest, flüssig und gasförmig gilt jedoch nur bei Raumtemperatur (zwanzig Grad Celsius) und einem Druck von 1013 mbar. Bei anderen Temperaturen und Drücken können die Elemente ihre Zustände verändern: Sie schmelzen, verdampfen, kondensieren oder verfestigen sich. Flüssiges Quecksilber beispielsweise wird gasförmig, wenn man es auf 357 Grad erhitzt. Kühlt man es dagegen auf −39 Grad ab, wird das Metall fest. Das Edelgas Helium bleibt von allen Elementen am längsten gasförmig: Erst bei 4,2 Kelvin wird es flüssig, also bei −268,96 Grad Celsius.

Der Einfluß des herrschenden Drucks auf den Aggregatzustand läßt sich an zwei Alltagsphänomenen verdeutlichen. Ein Druckkochtopf verkürzt die Garzeiten von Lebensmitteln ganz erheblich. Grund dafür ist, daß sich in dem hermetisch verriegelten Kochtopf durch das stetig verdampfende Wasser ein Druck aufbaut. Üblicherweise siedet Wasser bei rund hundert Grad. Unter Druck steigt jedoch der Siedepunkt an, weshalb die Speisen schneller garen.

Den umgekehrten Fall kann erleben, wer mit seinem Campingkocher in die Bergwelt hinaufzieht. Mit steigender Höhe nimmt der Luftdruck ab. Daher kocht Wasser auf einem 4000 Meter hohen Berg bereits deutlich unterhalb hundert Grad. Dann reicht die gewohnte Garzeit nicht mehr aus, um beispielsweise ein Ei zum Stocken zu bringen.

Üblicherweise dehnt sich ein Stoff beim Erwärmen aus und zieht sich zusammen, wenn man ihn abkühlt. Auch eine

Flüssigkeit, die durch Wärmezufuhr so weit gebracht wird, daß sie verdampft, nimmt als Gas ein größeres Volumen ein – sogar ein recht beträchtliches. Aus einem Mol Wasser beispielsweise – das sind 18 Gramm, etwa der Inhalt eines Schnapsglases – werden 22,4 Liter Wasserdampf. Doch am Gefrierpunkt von Wasser spielen sich ungewöhnliche Dinge ab. Wer schon einmal eine Getränkeflasche im Tiefkühlfach vergessen hat und anschließend die Scherben beseitigen mußte, kennt diesen Effekt. Gewöhnliches Eis hat am Gefrierpunkt eine geringere Dichte als flüssiges Wasser. Das heißt: Wasser dehnt sich beim Gefrieren aus. Bei Frost platzen deshalb Wasserrohre und Glasflaschen. Umgekehrt zieht sich das Wasser beim Erwärmen zusammen, die Dichte wächst und bei etwa vier Grad Celsius erreicht sie ihren Maximalwert. Danach nimmt alles wieder seinen geregelten Lauf: Stärker erwärmtes Wasser dehnt sich aus und nimmt ein größeres Volumen ein. Für die Erhaltung des Lebens im Wasser ist diese im Grunde kuriose Tatsache überaus wichtig: Im Winter schwimmt das leichtere Eis auf der Wasseroberfläche, während das vier Grad warme Wasser die Tiefen des Gewässers füllt. Eine Erklärung für diese Anomalie des Wassers steht noch aus, es scheint jedoch festzustehen, daß den sogenannten Wasserstoff-Brückenbindungen große Bedeutung zukommt. Sie werden von den freien Elektronen der Sauerstoffatome gebildet, die sich zu den Wasserstoffatomen benachbarter Moleküle orientieren und somit zusätzliche, wenn auch schwache Bindungen darstellen. Offenbar hat die Gestalt und Anzahl dieser Bindungen Einfluß auf die Dichte des Wassers.

Metalle, Nichtmetalle und Halbleiter

Sämtliche unter Normalbedingungen gasförmige Elemente sind sogenannte Nichtmetalle. Die anderen 101 Elemente sind teils Metalle, teils Nichtmetalle. Beide Gruppen unterscheiden sich sehr stark in ihren Eigenschaften. Metalle haben einen typisch silbrigen Glanz (nur Kupfer, Gold und Cäsium zeigen andere Farben), und sie leiten Wärme sowie den elektrischen Strom. Nichtmetalle sind dagegen schlechte Leiter.

Die beiden so verschiedenen Gruppen sind im Periodensystem nicht willkürlich durcheinandergewürfelt, sondern finden sich in ganz bestimmten Bezirken wieder: Eine Diagonale, die das Periodensystem von oben links nach unten rechts durchschneidet, trennt Metalle und Nichtmetalle voneinander. Nichtmetalle befinden sich ausschließlich in den Hauptgruppen, während sämtliche Nebengruppenelemente sowie die Lanthaniden und die Actiniden metallisch sind.

Entlang der Trennlinie liegt eine Reihe von Elementen, die als Halbmetalle bezeichnet werden. Dies sind Bor, Silicium, Germanium, Arsen, Antimon, Wismut, Selen, Tellur und Polonium. Diese Elemente kommen zumeist in zwei Modifikationen vor, von denen die eine metallischen Charakter aufweist, während die andere nichtmetallisch ist.

Einige dieser Halbmetalle zeigen nun sehr interessante elektrische Eigenschaften. Ihre Leitfähigkeit liegt zwischen der von Metallen und der von Nichtmetallen und läßt sich durch das gezielte Einbringen von Fremdatomen verändern. Zu diesen sogenannten Halbleitern zählt man die Elemente Silicium und Germanium (neben einer ganzen Reihe von Verbindungen wie etwa dem Galliumarsenid oder Cadmiumselenid). Die speziellen Eigenschaften lassen sich am besten mit einem von Physikern entwickelten Modell verdeutlichen, dem sogenannten Bändermodell, das auf der Molekülorbital-Theorie basiert.

Das Bändermodell

Die Elektronen eines einzelnen Atoms halten sich bekanntlich in bestimmten Orbitalen auf, diese sind auf einer Energieskala hierarchisch angeordnet. Auf niedrigstem Niveau liegen die Elektronen, die unmittelbar den Kern umgeben. Die Valenzelektronen schließlich nehmen das höchste Niveau ein. Kommt es zwischen zwei Atomen zur Ausbildung eines Moleküls, dann überlappen die Orbitale einander und es bilden sich Molekülorbitale.

Beteiligen sich mehrere Atome an einem solchen Aufbau, entstehen entsprechend mehr Molekülorbitale. Diese rücken auf der Energieskala immer näher zusammen. Dehnt sich der Atomverband noch weiter aus – dies ist bei typischen Festkörperstrukturen ohne molekularen Aufbau der Fall –, gelangt man schließlich an einen Punkt, wo die diskreten Niveaus nicht mehr voneinander unterscheidbar sind, sondern zu einem Band verschmelzen. Das ist leicht einzusehen, wenn man sich den Aufbau von elementarem Silicium vorstellt. Er ist dadurch gekennzeichnet, daß Siliciumatome jeweils vierfach umgeben sind durch weitere Siliciumatome, die zu einem stabilen, unendlichen Netzwerk miteinander verknüpft sind. Wenn man nun ein Stückchen Silicium vor sich liegen hat, muß man bedenken, daß ein einziges Mol bereits etwa $6 \cdot 10^{23}$ Atome enthält und sich diese in *einem* Atomverband befinden, also auch durch gemeinsame Molekülorbitale beschrieben werden müssen. Die dann zu formulierenden $6 \cdot 10^{23}$ Niveaus können unmöglich noch voneinander unterschieden werden.

Somit bilden sich für einen Festkörper wie Silicium mehrere Energiebänder. Die Elektronen können sich zwischen den Ober- und Unterkanten der jeweiligen Bänder aufhalten, nicht jedoch in den Lücken zwischen den verschiedenen Bändern. Diese Bereiche sind »verbotene Aufenthaltsräume«. Entscheidend für die Eigenschaften eines Festkörpers ist nun,

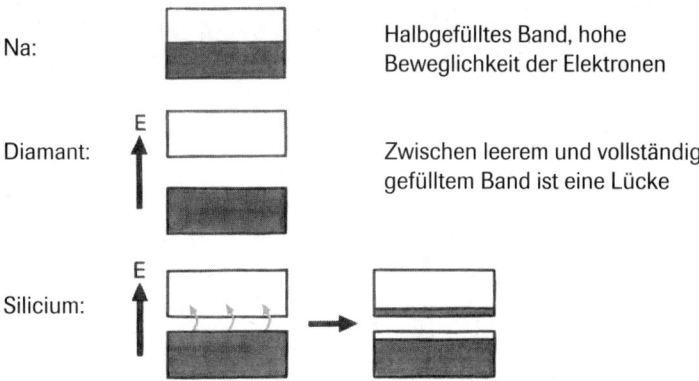

Na: Halbgefülltes Band, hohe Beweglichkeit der Elektronen

Diamant: Zwischen leerem und vollständig gefülltem Band ist eine Lücke

Silicium:

Im Silicium ist die Bandlücke so klein, daß Elektronen in das obere Band springen können.

wie viele Elektronen ein Band enthält. Ein Natriumatom beispielsweise besitzt nur ein Valenzelektron. Dieses befindet sich im s-Orbital, das jedoch theoretisch zwei Elektronen aufnehmen kann. Im Natriummetall-Festkörper, wo viele Natriumatome zusammenkommen, sind demnach nur halb so viele Elektronen vorhanden, wie das Band eigentlich aufnehmen könnte. Die Elektronen sind daher sehr beweglich, weshalb Natrium ein typisches Metall mit guter Leitfähigkeit für den elektrischen Strom ist.

In einem Isolator wie Diamant ist die Situation wie folgt: Jedes Kohlenstoffatom liefert vier Elektronen sowie vier Orbitale (ein s- und drei p-Orbitale). Daraus entstehen zwei Energiebänder, die durch eine Lücke voneinander getrennt sind. Jedes Band bietet Platz für vier Elektronen pro Atom. Aufgrund der Energiedifferenz wird bevorzugt das untere Band aufgefüllt. Dieses ist dann komplett gefüllt, während das obere Band leer bleibt. In einem vollständig gefüllten Band jedoch können sich die Elektronen nicht bewegen, sie stecken fest auf ihren Plätzen. Daher kann Diamant keinen Strom leiten.

Bei Silicium ist die Situation im Prinzip genauso, denn wie Kohlenstoff verfügt jedes Atom über die gleiche Anzahl an Elektronen und Orbitalen. Die Lücke zwischen dem unteren, gefüllten Band bis zum oberen leeren Band ist bei Silicium jedoch kleiner. Einige Elektronen besitzen gerade soviel Energie, daß sie dort hinaufspringen können. Dann sind sowohl das untere als auch das obere Band nur teilweise besetzt, was Voraussetzung für einen elektrischen Ladungstransport ist.

Erwärmt man ein halbleitendes Material wie Silicium, führt man ihm Energie zu. Dann können noch mehr Elektronen in das obere Band wechseln. Daher steigt die Leitfähigkeit eines Halbleiters bei erhöhter Temperatur. Im Gegensatz dazu sinkt sie bei einem Metall, wenn man es erwärmt, denn die Metallatome liegen nicht tatsächlich fest auf einem Punkt, sondern schwingen ganz geringfügig hin und her. Bei erhöhter Temperatur schwingen sie stärker und können deshalb leichter mit den Elektronen kollidieren. Diese werden dann von ihrem ursprünglichem Weg abgelenkt, weshalb die Leitfähigkeit sinkt.

Die Leitfähigkeit eines Halbleiters läßt sich verändern. Dazu werden gezielt fremde Atome in das Material eingebaut. Eine solche Dotierung kann auf zwei Wegen erfolgen. Für einen sogenannten n-dotierten (n steht für negativ) Halbleiter bringt man beispielsweise Phosphoratome in das Silicium ein. Diese verfügen über ein Elektron mehr als die Siliciumatome. Das Energieniveau, auf dem sich diese Elektronen befinden, liegt zwischen den beiden Bändern des Siliciums. Die Elektronen können aus diesem Niveau unter noch geringerem Energieaufwand in das obere Band wechseln, weshalb die Leitfähigkeit des dotierten Materials größer ist.

Ebenfalls gesteigerte Leitfähigkeit bewirken in das Silicium eingebaute Boratome. Diese Atome, die über lediglich drei Valenzelektronen verfügen, weisen einen unbesetzten Zustand auf, der knapp über dem vollständig besetzten Band des Siliciums liegt. Elektronen können von dort in den unbesetzten Zustand springen. Man spricht dann von p-dotiertem (p steht für positiv) Material.

Durch die Kombination von unterschiedlich dotierten Halbleitern erhält man Dioden und Transistoren, für die Mikroelektronik unentbehrliche Bauelemente.

Ausflüge in Regionen der Chemie

Von anorganischer Chemie war in diesem Buch bereits mehrmals zu lesen. Alle Stoffe, bei denen es sich nicht um molekular aufgebaute Kohlenstoffverbindungen handelt, bezeichnet man als anorganische Stoffe. Darunter fallen Moleküle wie Ammoniak (NH_3), Festkörper wie Siliciumdioxid (SiO_2) oder Natriumchlorid (NaCl) und Komplexverbindungen wie Kupfersulfathydrat ($[Cu(H_2O)_4][SO_4] \cdot H_2O$). Diese Substanzgruppen unterscheiden sich nicht nur in ihrem Aufbau und chemischen Verhalten, verschieden sind auch die sie betreffenden chemischen Arbeits-, Synthese- sowie Analysemethoden. Deshalb teilt sich dieses Forschungsgebiet wiederum in Molekül-, Festkörper- und Komplexchemie auf – eine Unterscheidung, die aber nicht sehr streng gesehen werden muß, denn es gibt in diesem Bereich mehr Überschneidungen als Unterschiede. Dennoch ein paar Beispiele: Wer daheim einen Transistor in einen elektronischen Schaltkreis einlötet, befindet sich im Dunstkreis der Festkörperchemie. Wer einen Kalkfleck mit zitronensäurehaltigem Haushaltsreiniger beseitigt, betreibt Komplexchemie, und wer eine Fuge mit Silikon abdichtet, verwendet ein Produkt der Molekülchemie. Beim Aufladen einer Autobatterie begibt man sich auf das Gebiet der Elektrochemie, und wenn Zucker karamelisiert, findet eine Vielzahl von organisch-chemischen Reaktionen statt. Es gibt viele Sparten, in die man die Chemie unterteilen kann, wie in den folgenden Abschnitten anhand ausgewählter Beispiele demonstriert werden soll.

Organische Chemie

Die Organische Chemie umfaßt sämtliche Verbindungen des Kohlenstoffs mit Ausnahme einiger weniger Substanzen wie Kohlenmonoxid (CO), Kohlendioxid (CO_2) oder Kohlensäure (H_2CO_3). Die prinzipielle Unterscheidung in »Anorganische« und »Organische Chemie« ist historisch bedingt. Die Bezeichnung »organisch« wurde bereits im 18. Jahrhundert für Substanzen eingeführt, die aus lebenden Systemen stammten. Zwar konnte Friedrich Wöhler diese Begründung der Unterteilung widerlegen, indem er eine anorganische Substanz in eine organische Verbindung umwandelte, doch die Klassifizierung blieb erhalten und »Organische Chemie« bezeichnet nach wie vor das Gebiet, das sich mit der Untersuchung von Zuckern, Eiweißen und Naturstoffen, aber auch von Benzin, Plastik und Medikamenten beschäftigt. Die scharfe Trennungslinie zwischen Anorganik und Organik wird in der schulischen und universitären Ausbildung noch vollzogen, in der Praxis der chemischen Labors jedoch verwischen die Grenzen immer mehr. Auf Forschungsgebieten wie der Molekularbiologie, den Materialwissenschaften oder der metallorganischen Chemie sind sie schon seit langem überschritten.

Die Basis jeder organischen Verbindung ist der Kohlenstoff. Jedes Kohlenstoffatom kann maximal vier Bindungen zu maximal vier Nachbaratomen eingehen. Auch können sich Kohlenstoffatome untereinander verketten oder Ringe bilden. Weil sie zudem Einfach-, Doppel- oder Dreifachbindungen eingehen können, ergibt sich eine unüberschaubare Vielfalt an bekannten organischen Verbindungen. Entsprechend vielfältig sind die Aufgaben der Chemiker, die auf diesem Gebiet

Methan

Östriol

Vitamin E

Bei ausgedehnten Strukturformeln werden zur besseren Übersichtlichkeit die Kohlenstoffatome nicht mehr explizit eingezeichnet.

tätig sind. Von Interesse sind zum einen die sogenannten Naturstoffe – Substanzen, die aus Tieren, Pflanzen und Mikroorganismen stammen –, beispielsweise Antibiotika, Enzyme, Hormone oder Riechstoffe. Aufgabe der Forschung ist es, diese Stoffe zu isolieren sowie mit analytischen Methoden ihre Struktur zu ermitteln. Weitere Anstrengungen gehen dann in die Richtung, einen Weg zu finden, die gleiche Substanz im Labor auf künstlichem Wege herzustellen. Solche Naturstoffsynthesen können jahrelange Forschungsarbeit in Anspruch nehmen, bis schließlich nach einer Vielzahl von Reaktionsschritten das erwünschte Molekül entstanden ist. Andere organische Substanzen wiederum sind aus der Natur nicht bekannt, werden in der Industrie jedoch in großem Maßstab hergestellt. Darunter sind Farbstoffe, Wirkstoffe für Medikamente und auch Kunststoffe. Die Basis für diese Produkte stammt jedoch ebenso aus der Natur; es sind Erdöl und Erdgas, die der Industrie wichtige organische Komponenten liefern.

Bestimmte organische Verbindungen besitzen eine Fähigkeit, die als optische Aktivität bezeichnet wird. Lenkt man

nämlich einen Strahl polarisierten Lichts (die Ausbreitungs-
wellen des Lichts schwingen nur in einer Ebene) durch eine
Lösung einer solchen Verbindung, dann dreht sich die Ebene
des polarisierten Lichts um einen ganz bestimmten Betrag.
Der Grund für diese optische Aktivität ist in der Struktur der
Moleküle zu finden. Jedes Kohlenstoffatom, das vier Bin-
dungspartner hat, ist tetraedrisch umgeben. Wenn diese vier
Substituenten alle verschieden sind, handelt es sich um ein so-
genanntes »asymmetrisches C-Atom«. Es gibt dann zwei
Möglichkeiten der Anordnung.

Man kann es drehen und wenden, wie man will: Diese beiden Formen sind nicht miteinander zur Deckung zu bringen.
Sie gleichen sich wie Bild und Spiegelbild oder wie rechte und
linke Hand. Daher werden solche Moleküle als »chiral« (griechisch *cheir*: Hand) bezeichnet.

Moleküle, die eine solche Spiegelbildbeziehung zueinander haben, werden »Enantiomere« genannt. Jedes Enantiomer ist optisch aktiv und dreht die Ebene des polarisierten
Lichts um einen bestimmten Betrag. Das spiegelbildliche
Enantiomer dreht ebenfalls um diesen Wert, jedoch mit umgekehrtem Vorzeichen.

Die beiden Enantiomere besitzen weitgehend die gleichen
Eigenschaften, etwa Schmelz- und Siedepunkt oder Löslich-
keit. In einem wichtigen Punkt unterscheiden sie sich jedoch
voneinander: Die physiologische Wirkung kann stark verschieden sein. Denn im Organismus wimmelt es von chiralen
Substanzen. Diese können mit anderen chiralen Verbindungen, also mit den beiden Enantiomeren eines Paares, voll-
kommen verschieden reagieren.

Bei konventionellen chemischen Synthesen entstehen aus
einem Ausgangsstoff beide Enantiomere zu gleichen Teilen.
Deshalb gelangten früher chirale Wirkstoffe, die künstlich
hergestellt wurden, meistens als »Racemat«, also als Mischung beider Enantiomere, in den Handel. Mittlerweile ste-

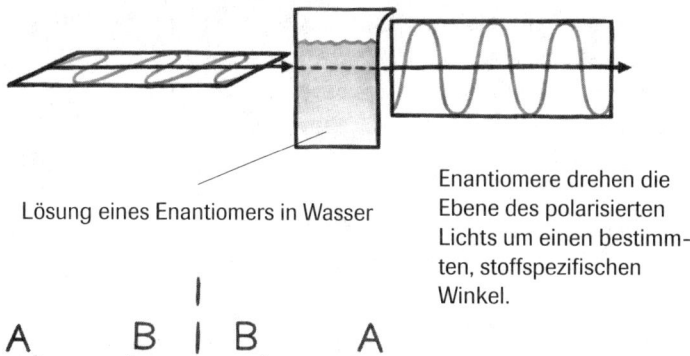

Lösung eines Enantiomers in Wasser

Enantiomere drehen die Ebene des polarisierten Lichts um einen bestimmten, stoffspezifischen Winkel.

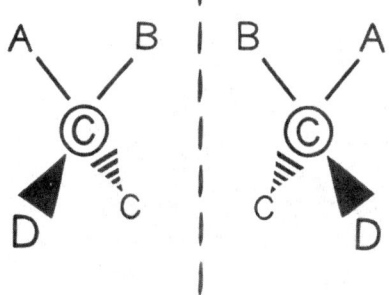

Vier verschiedene Substituenten an einem Kohlenstoffatom führen zu Enantiomerie. Beide Molekülformen lassen sich nur durch Spiegelung zur Deckung bringen.

hen jedoch verbesserte chromatographische Verfahren zur Verfügung, die eine Trennung des Gemischs erlauben. Zum anderen gelingt es den Forschern zunehmend, Reaktionen so zu steuern, daß Enantiomere in ungleichen Mengen entstehen.

Ein unerreichtes Vorbild ist in dieser Hinsicht wieder die Natur. Sämtliche Eiweißstoffe, die man im Organismus findet, enthalten nur sogenannte (L)-Aminosäuren. Die spiegelbildlichen Bausteine kommen dagegen nicht vor. Auch in der Erbsubstanz findet man eine solche Selektivität: Sämtliche Zuckerbausteine darin sind (D)-Zucker. Nach einer Erklärung für diese seltsame Vorliebe der Natur suchen die Wissenschaftler schon lange. Dabei haben sie eine vielversprechende Spur gefunden, wie es zur Verdrängung einer der beiden Molekülformen gekommen sein kann. So wurden bestimmte Reaktionen entdeckt, in deren Verlauf die chiralen Ausgangsstoffe quasi Kopien von sich selbst anfertigen. Setzt man dabei ein Enantiomerengemisch ein, dessen Verhältnis nicht exakt 1:1 ist, gewinnt allmählich eines der beiden Enantiomere die Überhand. Auf genau diesem Wege könnten auch die (L)-Zucker sowie die (D)-Aminosäuren – ausgehend von einer geringfügigen Störung des Gleichgewichts – aus der Natur verdrängt worden sein.

Supramolekulare Chemie

Ein Teilgebiet der Organischen Chemie, das einen starken Zuwachs an Forschungsaktivitäten verzeichnet, ist die sogenannte »Supramolekulare Chemie« (Chemie jenseits des Moleküls). Hier werden ungewöhnlich große Aggregate untersucht, die aus mehreren Molekülen bestehen. Den Zusammenhalt zwischen den Komponenten stellen keine kovalenten Bindungen her, sondern lediglich schwache Kräfte wie Wasserstoff-Brückenbindungen. Für die Konstruktion supramolekularer Komplexe wird zumeist die Selbstorganisation genutzt, ein der Natur abgeschautes Prinzip. Die Moleküle, die zusammen in den Reaktionskolben gegeben werden, verfügen über bestimmte Baugruppen, die sich gegenseitig anziehen, sich sozusagen erkennen. Der Clou an den supramolekularen Verbindungen ist, daß die Komplexe bestimmte Funktionen erfüllen können. An den Anfängen dieses Forschungsgebietes stehen beispielsweise sogenannte »Kronenether«. Dies sind Verbindungen, in denen sich einige wenige Ethergruppen ($-CH_2-O-CH_2-$) zu einem Ring aneinanderschließen. Da die resultierenden Moleküle in Wirklichkeit geknickt und gefaltet sind, verglich man sie mit einer gezackten Krone – daher der Name. Die Kronenether können Ionen der Alkalimetalle erkennen und sehr fest im Innern der Krone binden. Dabei zeigen die Kronenether eine außerordentlich hohe Selektivität: Nur wenn die Größe des Ions und des freien Innenraums im Ether exakt zusammenpassen, findet die Komplexbildung statt.

Da Kronenether – und auch die Komplexe – im Gegensatz zu den »nackten« Metallionen in organischen Lösungsmitteln löslich sind, können auf diese Weise ausgewählte Ionen aus wässrigen in organische Lösungen »hineintransportiert« werden. Diese Tatsache trug den Kronenethern den Beinamen »Ionophore« (griechisch für Ionenträger) ein.

Auf der Grundlage dieser Arbeiten wurde eine ganze Reihe von Molekülen entworfen, die wie die Kronenether als Wirt für einen ausgewählten Gast fungieren können. Denkbar ist, daß sich hieraus neue Formen pharmazeutischer Anwendung ergeben werden.

Darüber hinaus sind viele andere reizvolle und ästhetisch ansprechende Konstruktionen geschaffen worden, etwa das Molekül mit dem Trivialnamen Olympiadan. Es verkörpert das Symbol der Olympischen Spiele. Fünf große Ringe sind nach diesem Vorbild miteinander verwoben. Bei der Synthese werden zwei Ringe sowie sechs kettenförmige Moleküle in einem Kolben zusammengegeben. Letztere schließen sich paarweise zu Ringen zusammen und verketten sich dabei mit den bereits bestehenden Ringen. In anderen Labors werden ringförmige Moleküle auf Ketten aufgefädelt, deren Enden dann mit einer großen Baugruppe »verschlossen« werden, so daß die Ringe nicht mehr herunterrutschen können.

Einige supramolekulare Anordnungen lassen sich mit Licht gleichsam schalten. Sie tragen beispielsweise einen Ring auf einem langen Kettenmolekül. Dieses hält für den Ring mehrere potentielle Stoppmarken bereit. Durch gezielten Lichteinfall kann der Ring von einer in die nächste Position transportiert werden. Solche Moleküle arbeiten im Prinzip wie ein Schalter. Visionäre Forscher denken daher bereits an einen sogenannten molekularen Computer, dessen Schaltkreise letztlich nur aus supramolekularen Anordnungen bestehen. Bis zu dieser ultimativen Miniaturisierung dürfte es jedoch noch einige Zeit dauern, zumal die Konstruktion eines Transistors mit molekularen Abmessungen bislang noch niemandem gelungen ist.

Elektrochemie

Jeder kennt das Phänomen: Luft und Nässe verwandeln ungeschütztes Eisen in Rost. Schutz dagegen bietet etwa ein dünner Überzug aus Zink. Die Zinkhülle wirkt dabei weniger als mechanischer Schutz, sondern fängt sozusagen den Sauerstoff, der die Rostbildung auslöst, ab. Das geschieht deshalb, weil Zink eine viel größere Neigung zur Elektronenabgabe hat. Bieten beide Metalle sich an, wird zuerst Zink oxidiert und in Zinkoxid verwandelt. Eisen bleibt dagegen unbehelligt. Diese mehr oder weniger starke Anziehung von Elektronen ist beispielsweise auch der Grund für manch unangenehmes und schmerzhaftes Gefühl in den Zähnen: Berühren sich nämlich Silberamalgamplomben und Goldkronen, gibt es einen kleinen Schlag, denn während des Kontaktes fließen Elektronen von einem Metall zum andern.

Ein kleines Experiment kann dieses unterschiedliche Streben der Metalle nach Elektronen verdeutlichen. Dazu wird ein Stückchen elementaren Zinks in eine blaue, wäßrige Lösung von Kupfersulfat gelegt, die Cu^{2+}-Ionen enthält. Man kann beobachten, wie das Zink sich allmählich auflöst, während sich schwammiges, rotbraunes Kupfer auf seiner Oberfläche abscheidet. Gleichzeitig wird die Lösung immer blasser. Elektronen wechseln also freiwillig vom Zink zum zweiwertigen Kupfer, es bilden sich zweiwertige Zinkionen sowie Kupfermetall. Die Gleichung für diese Reaktion lautet:

$$Zn + Cu^{2+} \rightarrow Cu + Zn^{2+}$$

Umgekehrt läuft die Reaktion nicht spontan ab. Taucht man ein Stück Kupfer in eine Zinksulfatlösung, wird nichts passieren. Diese unterschiedliche Affinität von Metallen zu ihren Elektronen kann man sich zunutze machen und Strom erzeugen. Dies tat beispielsweise der Franzose John Frederic Daniell (1790 − 1845), indem er die beiden Reaktionen − Auflösen des Zinks und Abscheiden des Kupfers − räumlich voneinander trennte. Das nach ihm benannte Daniell-Element besteht aus einem Gefäß, das durch eine halbdurchlässige Wand in zwei sogenannte Halbzellen geteilt ist. Die eine Halbzelle enthält eine Kupfersulfatlösung, in die ein Kupferstab taucht. In der anderen Halbzelle befindet sich eine Zinksulfatlösung, in die ein Zinkstab ragt. Sobald man beide Metallstäbe mit einem Draht verbindet, fließt durch diesen elektrischer Strom, denn das Zinkmetall gibt in dieser Kombination bereitwillig Elektronen ab. Es löst sich auf, und Zinkionen gehen in Lösung. Die Elektronen fließen durch den Draht zum Kupferstab, dort warten bereits Kupferionen in der Lösung begierig auf sie. Bei der Aufnahme der Elektronen entsteht Kupfermetall, das sich am Stab abscheidet. Die halbdurchlässige Wand ist notwendig, damit die Kupferionen ihre Elektronen nicht auf dem kürzesten Wege holen, nämlich direkt am Zinkstab. Statt dessen zwingt man sie, durch einen äußeren Stromkreis von der Anode zur Kathode zu fließen. Andererseits können durch die Wand jedoch Sulfationen (SO_4^{2-}) wandern, die somit für einen Ladungsausgleich zwischen beiden Zellen sorgen.

Übrigens enthielt das ursprüngliche Daniell-Element noch keine Trennwand. Die beiden Lösungen wurden lediglich vorsichtig übereinandergeschichtet. Sie blieben durch die Schwerkraft voneinander getrennt, denn die Kupfersulfatlösung hat eine größere Dichte.

Definitionsgemäß ist der Zinkstab in dieser Anordnung die Anode, der positiv geladene Pol, der positiv geladene Zink-

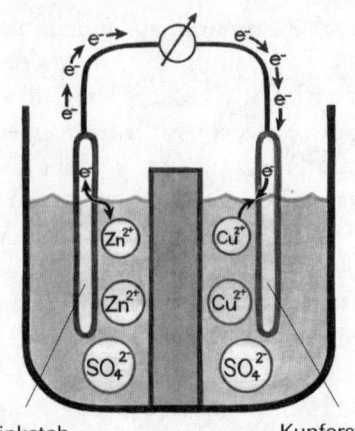

Im Daniell-Element werden Zinkatome oxidiert und gehen in Lösung. Die Elektronen bewegen sich durch den äußeren Stromkreis zur Kupferelektrode, wo sie Kupferionen aus der Lösung reduzieren.

Zinkstab   Kupferstab

halbdurchlässige
Trennwand

ionen in die Lösung abgibt und dem Draht Elektronen liefert. Der Kupferstab dagegen ist die negativ geladene Kathode. Hier werden zugeströmte Elektronen dazu genutzt, positiv geladene Kupferionen anzuziehen und zum Kupfermetall zu reduzieren. Es ist wichtig festzuhalten, daß immer zwei Halbzellen zu einem Element kombiniert werden müssen, damit Strom fließt. Denn freie Elektronen können nicht in Wasser existieren, sondern müssen von einem Spender zu einem Akzeptor gelangen.

In dieser Kombination von zwei Halbzellen fließen Elektronen von selbst in einer Richtung durch den äußeren Draht. Diesen »Druck« der Elektronen kann man sogar messen: Es ist die Spannungsdifferenz zwischen den beiden Polen. Wenn Kupfersulfat und Zinksulfat jeweils in einer Konzentration von einem Mol pro Liter vorliegen, hat das Daniellsche Element eine Spannung von 1,10 Volt.

Das unterschiedlich starke Festhalten der Elemente an ihren Elektronen ist qualitativ in der sogenannten Spannungsreihe wiedergegeben. Als Nullpunkt der Spannungsreihe wurde willkürlich die Reaktion gewählt:

$$2H^+ + 2e^- \rightarrow H_2$$

Diese Halbzelle, in der diese umkehrbare Reaktion abläuft, nennt man Standardwasserstoffelektrode. Die Elektrode besteht aus einem in eine saure Lösung getauchten Platinblech, an dem Wasserstoffgas in einer definierten Konzentration entlangperlt. Paart man nun verschiedene Halbzellen mit der Standardwasserstoffelektrode, mißt man entsprechende Spannungswerte. Für eine Ionenkonzentration von einem Mol pro Liter und bei einer Temperatur von 25 Grad sind dies die sogenannten Standardpotentiale (lateinisch *potentialis*: nach Kräften wirksam). Ihre Zahlenwerte reichen etwa von minus drei Volt bis plus drei Volt.

In der Spannungsreihe sind somit bestimmte Reaktionen aufgeführt, die in einer Halbzelle ablaufen können, etwa

$$Zn^{2+} + 2e^- \rightarrow Zn \quad \text{oder:} \quad Cu^{2+} + 2e^- \rightarrow Cu.$$

Das Standardpotential für obige Zink-Halbzelle beträgt $-0{,}76$ Volt, das für die Kupfer-Halbzelle $0{,}34$ Volt. Die Potentiale beider Halbzellen addieren sich zu dem tatsächlich gemessenen Spannungswert von $1{,}10$ Volt – unter Berücksichtigung der Tatsache, daß die Reaktion in der Zink-Halbzelle umgekehrt verläuft ($Zn \rightarrow Zn^{2+} + 2e^-$) und daher auch das Vorzeichen umgekehrt werden muß ($+0{,}76$ Volt).

Metalle mit einem positiven Standardpotential nennt man edle Metalle. Wird die Halbzelle eines edlen Metalls wie Gold oder Silber mit der Wasserstoffelektrode zusammengeschaltet, wird letztere zur Anode. Am Platinblech wird Wasserstoffgas oxidiert, während Gold- oder Silberionen zum Metall reduziert werden. Edle Metalle sind demnach bessere Oxidationsmittel als Wasserstoff. Je stärker positiv ihr Standardpotential ist, desto mehr sind sie bestrebt, Elektronen aufzunehmen.

Die Metalle in der Spannungsreihe, die negative Standardpotentiale besitzen – etwa Zink oder die Alkalimetalle –, nennt man unedle Metalle. Kombiniert man etwa eine Zink-Halbzelle mit der Wasserstoffelektrode, geht spontan Zink in Lösung, während am Platinblech Protonen zu Wasserstoffgas reduziert werden. Das unedle Metall wird demnach oxidiert. Es ist ein Reduktionsmittel, und zwar ein stärkeres als Wasserstoff. Mit Hilfe der Spannungsreihe kann man nun abschätzen, ob bestimmte Reaktionen ablaufen. Unedle Metalle wie Eisen oder Zink etwa werden sich in Säure auflösen, wobei Wasserstoff frei wird. Denn Elektronen fließen spontan vom Metall zu den Wasserstoffionen – hier ohne den Umweg über einen Draht. Edle Metalle dagegen lösen sich nicht in Säure.

Galvanische Zellen wie das Daniellsche Element liefern zwar elektrische Energie, sind jedoch wegen ihres flüssigen Inhalts für den täglichen Gebrauch unpraktisch. Die heutzutage verwendeten Batterien sind daher Trockenelemente. Alle ihre Bestandteile sind entweder fest oder wenigstens zähflüssig. Im Klassiker unter diesen Elementen – in der Batterie, die der Taschenlampe und dem Walkman Strom liefert – sind Zink und Mangan miteinander kombiniert. Das Zinkblech ist zu einem Zylinder geformt und wirkt als Anode. Gefüllt ist die Batterie mit einer Mischung aus Mangandioxid (MnO_2) – auch Braunstein genannt –, Ammoniumchlorid (NH_4Cl), etwas Wasser sowie einem aufsaugenden Stoff wie etwa Stärke. Dort hinein taucht die Kathode des Systems, ein Graphitstab.

Wenn die beiden Pole des Elementes miteinander verbunden werden, fließen Elektronen vom Zinkstab zum Graphit. Dort nimmt das vierwertige Mangan die Elektronen auf und wird zu einer Mischung von verschiedenen Verbindungen des dreiwertigen Mangans reduziert. Die Reaktionsgleichungen lauten wie folgt:

Anode: $Zn \rightarrow Zn^{2+} + 2e^-$
Kathode: $2MnO_2 + 8NH_4^+ + 2e^- \rightarrow 2Mn^{3+} + 8NH_3 + 4H_2O$
Gesamt: $Zn + 2MnO_2 + 8NH_4^+ \rightarrow Zn^{2+} + 2Mn^{3+} + 8NH_3$

Umkehrbar ist der Vorgang nicht, denn aus dem Ammoniumchlorid wird gasförmiges Ammoniak (NH_3) freigesetzt. Zudem diffundieren die Zinkionen von der Anode fort und bilden mit dem Ammoniak stabile Komplexe. Deshalb kann man die Batterie nach dem Entladen nur wegwerfen.

Wiederaufladbare Taschenbatterien sind Nickel/Cadmium-Zellen. In ihnen werden während der Entladung dreiwertige Nickelionen zu zweiwertigen reduziert. Elementares Cadmium wird im Gegenzug zu zweiwertigen Cadmiumionen oxidiert. Der Elektrolyt, also das Material, das im Zellinnern die Ionenleitung ermöglicht, ist wiederum Kaliumhydroxid. Eine solche Zelle läßt sich bis zu tausend Mal wiederaufladen, denn die Elektrodenprodukte verweilen an der Elektrode und stehen zur Rückumwandlung bereit.

Dieses Prinzip ist auch im Bleiakkumulator verwirklicht, der in jedem Auto anzutreffen ist. Das zumeist schlicht als »Batterie« bezeichnete Gerät enthält als Anode ein Bleigitter, das mit schwammförmigem Blei aufgefüllt ist. An der Kathode wird Bleidioxid (PbO_2) in einem Bleigitter festgehalten. Als Elektrolyt dient Schwefelsäure (H_2SO_4). Beim Entladen passiert folgendes:

Anode: $Pb + SO_4^{2-} \rightarrow PbSO_4 + 2e^-$
Kathode: $PbO_2 + 4H^+ + SO_4^{2-} + 2e^- \rightarrow PbSO_4 + 2H_2O$

Aus vierwertigen Bleiionen und Bleimetall werden somit zweiwertige Bleiionen. Dabei wird Schwefelsäure verbraucht und Wasser freigesetzt. Deshalb kann der Ladezustand der Batterie überprüft werden, indem man über eine Dichtemessung die Konzentration der Säure bestimmt. Ist der Akkumulator entladen, kann man ihn durch Umpolen und Anlegen

Ionenleitung

In einer Batterie werden Atome in Elektronen und Ionen zerlegt. Die Elektronen werden nach außen geleitet: dort fließt Strom. Die Ionen indes müssen unter dem Einfluß des elektrischen Feldes innerhalb der Batterie wandern. In einer Flüssigkeit oder Schmelze ist dies verhältnismäßig einfach, da jedem Teilchen große Bewegungsfreiheit zukommt. Doch einige Energiequellen wie eine Brennstoffzelle oder Lithiumbatterie besitzen einen festen Elektrolyten. Wie können die Ionen darin wandern? In Substanzen mit kristallinem Aufbau ist Ionenleitung über zwei Mechanismen möglich. Denn Kristallgitter – wie am Beispiel des Natrium-Chlor-Gitters auf Seite 51 abgebildet – sind in Wirklichkeit niemals so ideal aufgebaut. Jeder Kristall weist eine Reihe von Defekten auf, die den Ionentransport ermöglichen. Kleine Teilchen wie Lithiumionen wandern bevorzugt über sogenannte *Zwischengitterplätze*. Die Ionen verlassen ihren regulären Platz im Gitter. Wegen ihrer geringen Größe können sie sich auch zwischen den Gitterplätzen aufhalten. Legt man ein elektrisches Feld an, wandern sie auf diese Weise durch den Festkörper. Größere Ionen bewegen sich über so-

einer äußeren Spannung wieder aufladen, da dann die Reaktionen umgekehrt werden.

Sämtliche Batterien, die bislang beschrieben wurden, haben eine Reihe von Nachteilen. Ihre ohnehin schon nicht große Leistung läßt im Laufe der Zeit nach, sie sind vergleichsweise schwer, und sie enthalten zum Teil giftige oder gesundheitsschädliche Substanzen, was wiederum ihre Entsorgung teuer und aufwendig macht. Deshalb sind verschiedene neue Batterietypen in Entwicklung.

genannte *Fehlstellen* durch einen Festkörper. Dies sind reguläre Gitterplätze, die jedoch leer sind. In Natriumchlorid etwa verlassen eine gewisse Anzahl von Anionen und Kationen ihre angestammten Gitterplätze. Zurück bleiben die Fehlstellen, die den wandernden Ionen als Zwischenstopp dienen. Einige Festkörperstrukturen ermöglichen den Ionen besonders hohe Beweglichkeiten. In diesen Superionenleitern findet man offene Tunnel oder Schichtstrukturen.

Zur Zeit befinden sich auch Ionenleiter in Entwicklung, die auf organischen Polymeren basieren. So ist für die Lithiumionenbatterie eine Polymermembran aus Polyethylenoxid im Gespräch. Polyethylenoxid besteht aus langen Ketten, die abwechselnd aus Sauerstoffteilchen und kurzen Kohlenwasserstoffbaugruppen bestehen. Solche Polyether sind dafür bekannt, daß sie Teilchen wie Lithiumionen komplexieren können. Dies geschieht, indem sich ein Segment der Kette zu einer Art Schlaufe formt. Etwa fünf Sauerstoffteilchen können dann das Metallion gleichsam in die Zange nehmen und mit ihren freien Elektronenpaaren festhalten. Da die Moleküle des Polyethylenoxids nicht völlig starr sind, bilden sich immer wieder neue Schlaufen. So wandert das Ion im Polymer von einem Platz zum anderen.

Eine davon ist die Brennstoffzelle, die mit völlig harmlosen Inhaltsstoffen aufwarten kann und zudem unerschöpflich arbeitet. Auch sie erzeugt elektrische Energie, indem Substanzen oxidiert sowie reduziert werden. Dies sind jedoch nicht die Elektroden wie bei konventionellen Batterien, sondern kontinuierlich zugeführte Reaktionspartner: die Gase Wasserstoff und Sauerstoff. An der Anode wird das Wasserstoffgas umgesetzt, an der Kathode das Sauerstoffgas. Aus den Reaktionsprodukten, H^+ und O^{2-}, entsteht Wasser, während die

Elektronen über einen äußeren Kreislauf fließen, wo sie einem elektrischen Verbraucher zugeführt werden können. Je nach Bautyp haben Brennstoffzellen unterschiedliche Elektrolytfüllungen, etwa feste Metalloxide oder Salzschmelzen, die den Ionentransport ermöglichen.

Eine Reihe von Brennstoffzellen muß im Betrieb auf hohe Temperaturen erwärmt werden – sei es, weil der Elektrolyt dann erst ionenleitend wird, sei es, um die Brennstoffe kostengünstig aus Methanol gewinnen zu können. Daraus ergeben sich besonders hohe Anforderungen an das Material. Auch aus diesem Grund sind die Fertigungskosten für Brennstoffzellen noch sehr hoch – ein wesentliches Hindernis für ihren umfassenden Einsatz.

Ein weiterer vielversprechender Ansatz sind Lithiumbatterien. Lithium ist einerseits das leichteste Metall, andererseits besitzt es das höchste Oxidationspotential aller Elemente. Damit drängt es sich als Material für eine Batterie geradezu auf. Als Elektrolyt für eine Lithiumzelle kommen verschiedene ionenleitende Materialien in Betracht, etwa spezielle Polymermembranen oder ein Feststoff wie Lithiumnitrid (Li_3N). Knopfzellen enthalten eine Anode aus Lithiummetall sowie eine Kathode aus Eisensulfid, die durch eine Membran aus Lithiumnitrid voneinander separiert sind.

Andere Batterien dieses Typs enthalten kein reines Lithiummetall, statt dessen verwendet man Substanzen, die aufgrund ihres strukturellen Aufbaus Lithiumatome einlagern können. Solche Lithiumionenbatterien sind als leistungsfähiger Antrieb für Elektroautos im Gespräch – eingesetzt werden sie bereits in tragbaren Computern.

In der industriellen Praxis nutzt man die Prinzipien der Elektrochemie auch auf umgekehrte Weise. Man verwendet einen äußeren Strom dazu, Ionen wandern zu lassen. Auf diese Weise kann man Metalle auflösen und wieder abscheiden und beispielsweise Kupfer reinigen. Das Rohmetall, das aus den Erzen gewonnen wird, enthält häufig Beimengungen von Edelmetallen, die man natürlich heraustrennen möchte. Deshalb wird Kupfer in Barren gegossen, die als Anode in eine Kupfersulfatlösung getaucht werden. Schickt man nun einen elektrischen Strom durch die Zelle, so löst sich der Barren allmählich auf und die Kupferionen wandern durch die Lösung zur Kathode, wo sich reinstes Kupfer abscheidet. Im Barren enthaltene Beimengungen sinken dagegen bei seinem Auflösen einfach zu Boden. Aus diesem sogenannten Anodenschlamm kann man Silber, Gold und andere Edelmetalle gewinnen.

Polymerchemie

Kunststoff ist für viele Menschen das chemische Erzeugnis schlechthin. Zugleich ist es auch ein Material, dem vielfach ein negatives Image anhaftet. Das war nicht immer so. Im vergangenen Jahrhundert etwa wurden Kunststoffe geschaffen, um einem Mangel an natürlichen, aber teuren Rohstoffen abzuhelfen. Celluloid (eine Mischung von Campher und Nitrocellulose) wurde als begehrtes Elfenbeinimitat gehandelt und war auch für weniger gut Betuchte erschwinglich. Mit der Zeit kam man zu der Erkenntnis, daß sich auf künstlichem Wege auch Werkstoffe erschaffen lassen, die mehr sind als bloßes Surrogat. Cellophan ist nur ein Beispiel dafür. Ende der zwanziger Jahre entdeckt, kam das »transparente Papier« einer Sensation gleich – auch wenn die Folien erst viel später große wirtschaftliche Bedeutung erlangten, als nämlich die zunehmende Selbstbedienung in Supermärkten ein geeignetes Verpackungsmaterial erforderlich machte.

Mit Nylon, PVC, Polyethylen und Plexiglas setzte zu Beginn der dreißiger Jahre der Durchbruch der Kunststoffe ein. Neben den Naturprodukten wie Holz, Glas, Metall, Wolle oder Seide waren nun zunehmend Werkstoffe verfügbar, die ihrem Verwendungszweck besser angepaßt waren und zugleich die natürlichen Rohstoffquellen entlasteten. Heutzutage steht eine riesige Palette verschiedener Kunststoffe mit einem breitgefächerten Eigenschaftsspektrum bereit, um die Bedürfnisse der Menschen zu befriedigen und ihr Leben angenehmer zu machen. Darunter sind so unterschiedliche Stoffe wie wasserabweisende Fasern für Wanderanoraks und andere Freizeitbekleidung, glasklare Kunststoffe für leichte, unzerbrechliche Mehrwegflaschen oder Absorbermaterial, das Babywindeln aufnahmefähig macht. Andere Polymere sind anschmiegsam, dehnbar und transparent wie Lebensmittelfolie; farbig, stabil, schlag- und kratzfest wie das Gehäuse eines Elektrogerätes oder leicht und wärmedämmend wie eine Styroporplatte.

Kunststoffe bestehen aus kettenförmigen Molekülen, deren Grundgerüst meistens Kohlenstoff bildet, über ihre Synthese war bereits weiter oben etwas zu lesen. In den Makromolekülen ist im einfachsten Fall nur eine Art von Atomgruppierungen, die man Monomer nennt, wiederholt aneinandergereiht. Die meisten Kunststoffe setzen sich indes aus verschiedenen monomeren Bausteinen zusammen. In den sogenannten Copolymeren liegen diese innerhalb einer makromolekularen Kette alternierend oder auch zufällig verteilt vor. Da die Ausgangsstoffe für Polymere zumeist aus Erdöl gewonnen werden, sind Kunststoffe vergleichsweise preiswert und daher weit verbreitet. Viele Kunststoffe gehören zu den sogenannten Thermoplasten, sie sind im erwärmten Zustand leicht modellierbar. Deshalb kann man sie in beliebige Formen pressen, gießen oder spritzen. Die Ursache für dieses Verhalten liegt in der Struktur der Kunststoffe. Innerhalb der molekularen Ketten sind die einzelnen Atome noch geringfügig beweglich und können bei Wärmezufuhr etwas schwingen. Typische Thermoplaste sind Polyethylen, Polypropylen, Polystyrol, PVC (Polyvinylchlorid), Polyamide und Polyester.

Die sogenannten Duroplaste sind dagegen nicht mehr nachträglich verformbar. Einmal in Form gebracht bleiben sie starr und fest. Typische Duroplaste sind Silicon, Phenolharze oder Melaminharze, die alle einen engmaschig vernetzten Aufbau besitzen.

Schließlich gibt es noch Kunststoffe, die sich wie Gummi verhalten. Diese Elastomere sind wiederholt auf mindestens das Zweifache ihrer Länge dehnbar, da ihre Makromoleküle weitmaschig miteinander vernetzt sind. Ein Vertreter dieser Klasse von Polymeren mit großer technischer Bedeutung ist vulkanisierter Kautschuk, der für Autoreifen verwendet wird. Bei der Vulkanisation bringt man die Kautschukmoleküle in Kontakt mit Schwefelverbindungen. Die Vernetzung geschieht durch einzelne Schwefelatome, die sich verbrückend zwischen zwei Kautschukmoleküle anlagern.

Unter der Vielzahl von Kunststoffen sind einige mit besonders hervorstechenden Eigenschaften. Da gibt es beispielsweise Polymere, die bei Anregung durch elektrischen Strom Licht aussenden. Die Farbe dieses Lichts ist abhängig von der Struktur des Kunststoffs und somit gewissermaßen einstellbar. Daher sollen künftig solche elektrolumineszierenden Polymere für den Bau von Leuchtdioden herangezogen werden. Bislang wurden diese aus anorganischen Substanzen hergestellt, die eine Reihe von Nachteilen aufweisen.

In der Leuchtdiode befindet sich ein dünner Polymerfilm zwischen zwei Elektroden, von denen eine transparent sein muß. Legt man von außen eine Spannung an, wandern Elektronen von der Kathode in das Material. An der Anode werden dagegen Elektronen aus dem Polymer entfernt. An ihrer Stelle verbleiben eine Art positive Löcher. Elektronen sowie Löcher bewegen sich durch den Polymerfilm hindurch zur jeweils entgegengesetzt geladenen Elektrode. Treffen sie während der Wanderung paarweise aufeinander, rekombinieren sie und senden dabei Licht aus. Leuchtdioden aus Kunststoff erstrahlen abhängig vom chemischen Aufbau des Polymers in allen erdenklichen Farben.

Andere aktuelle Forschungsgebiete für Polymerchemiker sind elektrisch leitfähige Kunststoffe. Üblicherweise sind Kunststoffe gute elektrische Isolatoren, weshalb man sie etwa in Kabelummantelungen findet. Einige Kunststoffe besitzen jedoch erstaunlicherweise Leitfähigkeit. Dazu gehört beispielsweise Polyacetylen.

Wie man sieht, besitzen Kunststoffe eine ganze Reihe vorteilhafter Eigenschaften. Doch auch die Nachteile sind augenfällig. Das Material landet früher oder später auf einem riesigen Müllberg – sei es, weil es nur als Verpackung diente oder weil es kaputt ist und seine Funktion nicht mehr erfüllen kann. Für eine Entsorgung der langlebigen Stoffe gibt es verschiedene Konzepte, doch bislang vermag keines davon hundertprozentig zu überzeugen.

Bei dem etwas euphemistisch als »thermische Verwertung« bezeichneten Verfahren wird der Plastikmüll verbrannt. Man nutzt auf diese Weise den Energiegehalt des Kunststoffs, der ja letztlich aus Erdöl entstanden ist, der vergleichsweise kostspielige Akt der Wertschöpfung durch chemische und technische Bearbeitung des Rohstoffs geht bei der Verbrennung jedoch völlig verloren.

Dieser bleibt beim sogenannten »werkstofflichen Recycling« dagegen teilweise erhalten, dafür ist der Kreislauf teurer und arbeitsaufwendiger. Die gesammelten Kunststoffabfälle werden sortiert, gereinigt und anschließend zu einem neuen Produkt umgeschmolzen. Wegen der Vielzahl der Arbeitsschritte hat der recycelte Kunststoff allerdings häufig eine mindere Qualität, die nur zu bestimmten Produkten verarbeitet werden kann. Das »rohstoffliche Recycling« schließlich macht Plastik wieder zu dem, was es einmal war: zu Öl oder Gas. Dieser chemische Weg des Recycling verursacht jedoch hohe Kosten, ohne irgendwelche Umweltvorteile zu besitzen.

Allen Problemen beim Recycling zum Trotz: Die Mannigfaltigkeit der Eigenschaften macht Kunststoff zu einem Material, das alljährlich in riesigen Mengen hergestellt und verwendet wird. Die Produktion in Deutschland belief sich 1997 auf zwölf Millionen Tonnen, auf der ganzen Welt waren es 150 Millionen Tonnen. Sollte unser Zeitalter also einmal als »Plastikzeit« – analog zur Steinzeit oder zur Bronzezeit – in die Geschichte eingehen, dürfte das niemanden überraschen.

Angewandte Chemie

Vom nutzbringenden Umgang mit der Chemie

Die Chemie ist nicht nur eine Wissenschaft, die an Schulen und Universitäten gelehrt und erforscht wird, im Unterschied zu anderen Naturwissenschaften hat sie einen eigenen Industriezweig hervorgebracht, der zu den größten und wichtigsten in Deutschland gehört. Neben dem Maschinenbau, der Fahrzeugproduktion sowie der Elektrotechnik ist die chemische Industrie seit langem schon eine der tragenden Wirtschaftssäulen in Deutschland. Rund eine halbe Million Beschäftigte erzielten hier 1997 einen Umsatz von knapp 200 Milliarden Mark.

Ihre Anfänge nahm diese Industrie in der zweiten Hälfte des 19. Jahrhunderts. Aus den bei der Verkokung von Steinkohle zurückbleibenden Teerrückständen isolierte man Substanzen, die durch chemische Abwandlungen Farbstoffe ergaben. Damit standen erstmals neben den raren, teuren oder umständlich zu isolierenden Naturfarbstoffen solche zur Verfügung, die billig, einfach und in großen Mengen synthetisiert werden konnten. Namen wie »Badische Anilin und Sodafabrik (BASF)« oder »Actiengesellschaft für Anilinfabrikation Berlin (Agfa)« verweisen auf diese Produkte. Daneben stellten die chemischen Fabriken im ausgehenden 19. Jahrhundert bereits Kunstdünger her, von dessen gewinnbringender Verwendung man seit Justus von Liebigs Arbeiten zur Pflanzenernährung wußte.

Heutzutage bietet die chemische Industrie eine überaus vielfältige Produktpalette. Arzneimittel, Farbstoffe, Kunststoffe, Kleber und Lacke, Keramiken, Explosivstoffe, Photo-chemikalien, Glas, Gummi, Papier, Vitamine, Schädlings-bekämpfungsmittel, Duftstoffe, Waschmittel, Dünger, Bau-stoffe, Solarzellen, Pigmente, Textilien, Süßstoffe – all diese Produkte und noch viele mehr gehören dazu. Durch sie ist »Chemie« im Alltag allgegenwärtig: In nahezu allen Lebens-bereichen lassen sich Fortschritte, die mit Hilfe der Chemie erzielt worden sind, beobachten.

Chemie fährt mit

Trotz der vielen Probleme, die der motorisierte Individualver-kehr verursacht, ist das Auto aus unserer Gesellschaft zur Zeit nicht mehr wegzudenken. Deshalb ist es gut, daß es durch Entwicklungen aus der Chemie immer sicherer und umwelt-verträglicher geworden ist. Zur erhöhten Sicherheit trägt beispielsweise der Airbag im Lenkrad bei. Im Falle eines Aufpralls wird Natriumazid (NaN_3) gezündet, das in kleinen Kügelchen vorliegt. Es zersetzt sich explosionsartig in Natri-um, das mit Hilfe von Silicaten abgefangen wird, und Stick-stoffgas, welches in Bruchteilen einer Sekunde das oftmals lebensrettende Luftpolster aufbläst.

Auch gibt es seit einiger Zeit in vielen Ländern kein blei-haltiges Benzin mehr, da wirksame und ungiftige Alternativen entwickelt wurden. Was aus dem Auspuff herauskommt, wird bei den allermeisten Fahrzeugen von Katalysatoren ge-reinigt. Sie zerstören giftige Stickoxide im Abgas und tragen dazu bei, den sauren Regen zu vermindern. Auch besteht ein modernes Auto bereits zu rund 14 Prozent aus Kunststoff, wodurch erheblich Gewicht gespart wird. Das wiederum spart Treibstoff, senkt Schadstoffemissionen und schont da-mit die Umwelt. Ein Desiderat bleibt jedoch weiterhin das Elektroauto, es könnte zu einer wesentlich umweltfreundli-cheren Mobilität verhelfen, doch die elektrischen Antriebssysteme für PKWs sind noch nicht ausgereift. Ihre Leistung ist bislang zu niedrig und erlaubt nur geringe Reichweiten. Es gibt jedoch einige vielversprechende Ansätze, die zur Zeit entwickelt werden. So fahren in einigen Städten bereits Omnibusse mit Brennstoffzellenantrieb. Sie speichern den Treibstoff – Wasserstoffgas – in großen Tanks. Für diese voluminösen Gastanks ist in Personenwagen allerdings kein Platz. Möglicherweise kann man diese mit flüssigem Methanol betanken, das sich wie herkömmlicher Treibstoff einfüllen läßt. Das Methanol wird an einem vorgeschalteten Metallkatalysator in Wasserstoff, der die Brennstoffzelle speist, und andere Bestandteile gespalten. Ein Prototyp eines solchen Fahrzeugs wurde bereits 1997 auf der Internationalen Automobilausstellung in Frankfurt vorgestellt.

Daneben befinden sich auch konventionelle, wiederaufladbare Batteriesysteme für Elektroautos in der Entwicklung. Unter ihnen ist beispielsweise die Natrium-Schwefel-Zelle. Sie enthält beide Elemente in flüssigem Zustand. Bei Stromentnahme gibt die Natriumschmelze Elektronen ab, während Schwefel sie aufnimmt. Die Natriumionen wandern durch einen Elektrolyten aus Keramik in die Schwefelhalbzelle, wo Natriumpolysulfid entsteht. Ein deutlicher Nachteil der Batterie ist, daß Natriumpolysulfid erst bei rund 300 Grad schmilzt. Weil der Stoff in fester Form die Beweglichkeit der Ionen erheblich beeinträchtigen würde, muß die Batterie im Betrieb stets auf diese Temperatur geheizt werden. Eine andere Alternative ist die Lithiumionenbatterie, die bereits weiter oben vorgestellt wurde. Die Konstruktion der leichtgewichtigen Energiespeicher wirft jedoch noch einige Probleme auf.

Chemie contra Krankheit

Auch aus dem Sektor Gesundheit sind Entwicklungen aus der Chemie nicht mehr wegzudenken. Früher wurden die Bewohner ganzer Landstriche durch Epidemien ausgerottet. Gegen Krankheiten hatte man nur Kräuter und andere Naturheilmittel zur Verfügung. Heutzutage können Infektionen, die durch Bakterien oder Viren ausgelöst werden, mit chemischen Stoffen wirksam behandelt werden. Die Anfänge der Chemotherapie sind mit dem Namen Paul Ehrlichs verknüpft. Er hatte 1910 erkannt, daß sich die Syphilis, die damals weit verbreitet war, mit dem arsenhaltigen Mittel Salvarsan bekämpfen ließ. Ein weiterer Meilenstein war die Entdeckung des Penicillins durch Ian Fleming. Ende der zwanziger Jahre experimentierte er mit Bakterienkulturen, die zufällig mit Schimmelpilzen infiziert waren. Dabei beobachtete Fleming, daß Staphylokokken in der Nähe der Pilze nicht weiterwuchsen. Er extrahierte aus der Kulturflüssigkeit des Schimmelpilzes *Penicillium notatum* eine Substanz, die er Penicillin taufte: eine ganze Gruppe von bakteriziden Antibiotika.

1935 stellte Gerhard Domagk der Fachwelt die Substanzklasse der Sulfonamide vor. Diese wirkten gegen eine Vielzahl von bakteriellen Infektionen. Tetanus, Kindbettfieber oder Hirnhautentzündung waren nicht mehr länger Todesurteile, sondern konnten bekämpft werden. 1939 sollte Domagk für seine Leistungen den Nobelpreis für Medizin erhalten, doch den nationalsozialistischen Machthabern war die Auszeichnung nicht willkommen, Domagk durfte sie nicht annehmen. Erst zwei Jahre nach Kriegsende reiste er nach Stockholm, wo er immerhin noch Orden und Urkunde verliehen bekam. Der Geldbetrag war jedoch verfallen.

Die Sulfonamide erlaubten es, erstmals eine einfache Wirkungstheorie aufzustellen. Man fand heraus, daß die Bakterien das Medikament mit einer chemisch sehr ähnlich aufgebauten Säure verwechseln, die sie für den Stoffwechsel brauchen. Der falsche Baustein blockiert dann den Enzymapparat der Mikroben und verhindert so deren Vermehrung. Dann kann das körpereigene Immunsystem die Eindringlinge vernichten. Diesem damit erstmalig erkannten Zusammenhang zwischen Struktur und Wirkung kommt bei der modernen Pharmaforschung eine Schlüsselstellung zu, die durch neue molekularbiologische Erkenntnisse beständig untermauert wird.

Viele Substanzen, deren therapeutische Wirksamkeit im Laufe der Zeit festgestellt wurde, hatten neben der heilenden auch giftige Wirkungen. Ein bekanntes Beispiel dafür ist die Salicylsäure, die bereits im Altertum gegen rheumatische Beschwerden empfohlen wurde – in Form von Pappel- oder Weidenrinde. Salicylsäure hemmt Fieber und Schmerzen, wirkt aber leider äußerst unangenehm auf Magen und Darm. Deshalb machte sich Ende des vergangenen Jahrhunderts der Chemiker Felix Hoffmann auf die Suche nach einem besser verträglichen Mittel für seinen rheumakranken Vater. Er setzte die Salicylsäure mit Essigsäureanhydrid um und erhielt Acetylsalicylsäure. Der Wirkstoff wurde 1899 zugelassen und ist seitdem unter dem Warenzeichen »Aspirin« weltbekannt.

Das Auffinden von wirksamen Medikamenten war sicherlich mitverantwortlich für die gewaltigen sozio-demographischen Veränderungen in diesem Jahrhundert. So hat sich die Lebenserwartung in den vergangenen hundert Jahren nahezu verdoppelt. Wesentlich mehr Menschen als früher erreichen heutzutage ein hohes Alter. Enorme Konsequenzen für die Gesellschaft hatten auch die Arbeiten Adolf Butenandts, der die Sexualhormone entdeckte. Seine Ergebnisse waren die Grundlage zur Entwicklung der hormonellen Empfängnisverhütung.

Seit ihren Anfängen vor rund hundert Jahren hat sich die Pharmaforschung erheblich gewandelt. Früher fielen den Forschern die Erfolge geradezu in den Schoß, sie entdeckten am laufenden Band neue, wirksame Mittel unter den im Labor synthetisierten Stoffen. Heute scheint das Feld dagegen abgegrast, das Auffinden eines Wirkstoffs bereitet erheblich mehr Mühe. Doch immer noch gibt es eine Vielzahl von Krankheiten, gegen die kein Mittel hilft. Um die Forschungsarbeiten zu intensivieren, greift man auf neue Methoden zurück. Ist beispielsweise die Struktur von Rezeptoren oder Enzymen – also von den reaktiven Substanzen im Organismus, die mit einer Erkrankung in Verbindung gebracht werden – bekannt, kann man bereits am Computerbildschirm Moleküle entwerfen, die wirksam eingreifen könnten. Anschließend müssen die maßgeschneiderten Wirkstoffe allerdings im Labor synthetisiert und auf ihre tatsächliche Wirkung hin überprüft werden.

Auch die kombinatorische Chemie – sie wurde bereits vorgestellt – ist eine neue, vielversprechende Strategie in der Pharmaforschung. Sie gestattet es, in kurzer Zeit eine ganze Fülle von Molekülvarianten herzustellen. So nimmt man etwa eine Mischung von A,B und C und verteilt sie auf drei Gefäße. In jedes Gefäß gibt man jeweils einen weiteren Baustein: D,E oder F. Bei der Verknüpfung bilden sich bereits AD, BD, CD, AE, BE, CE, AF, BF sowie CF. Diese werden gemischt, erneut aufgeteilt und mit dem nächsten Baustein zur Reaktion gebracht. Wiederholtes Vorgehen – die Forscher nennen es »Divide-Couple-and-Recombine-Methode« – führt schon nach wenigen Schritten dazu, daß aus einem kleinen Satz verschiedener Bausteine eine sogenannte Substanzbibliothek entstanden ist. Das sogenannte »High-throughput-screening« schließlich entbindet die Forscher von der Sisyphosaufgabe, alle diese Verbindungen von Hand zu testen. Das übernimmt ein Roboter, der täglich Tausende von Substanzen auf ihre Wirkung hin überprüft.

Die Grundlage für solche Tests hat die Molekularbiologie geliefert. Diese wichtige Disziplin im Grenzbereich zwischen

Biologie, Chemie und Medizin untersucht die molekularen Strukturen im Organismus. Damit haben sich die Wissenschaftler vielleicht das komplizierteste aller chemischen Systeme ausgesucht. Zu den Pionierleistungen auf dem Gebiet zählen sicherlich die Arbeiten von Harry Compton Crick und James Dewey Watson. Sie erkannten vor rund vierzig Jahren, daß sich die menschliche Erbsubstanz in einem fadenförmigen Molekül, der Desoxyribonukleinsäure (DNS) befindet. Dieses hat die Gestalt einer Doppelhelix. Im Rahmen eines Forschungsprojektes haben sich Wissenschaftler das ehrgeizige Forschungsziel gesteckt, bis zum Jahre 2005 den genetischen Code des Menschen zu knacken und die Abfolge der rund drei Milliarden Basenpaare, die die Sprossen des gewundenen Doppelstrangs bilden, zu ermitteln. Da man inzwischen weiß, daß manche Krankheiten durch Gendefekte oder Fehlregulationen entstehen, erhält die Arzneimittelforschung neue und wichtige Impulse durch die auf molekularer Ebene gesammelten Kenntnisse.

Chancen und Risiko

Weil durch die Erzeugnisse der chemischen Industrie sehr viele Menschen länger, besser und annehmlicher leben, begleitete eine Naturwissenschafts- und Technikeuphorie lange Zeit die industrielle Entwicklung. Doch seit wenigen Jahrzehnten schlägt den chemischen Produkten vermehrt kritische Ablehnung entgegen. Viele Menschen sehen hinter ihnen eine Reihe von Gefahren und Risiken. In der Tat gibt es mehrere Beispiele, wo Substanzen sich im nachhinein als ungeahnt schädlich herausgestellt haben. Ein besonders tragischer Fall ist Thalidomid, der Wirkstoff des Schlaf- und Beruhigungsmittels »Contergan«. Dieses Mittel wurde zu Beginn der sechziger Jahre von vielen schwangeren Frauen eingenommen, daraufhin kamen über 2000 Kinder mit schwersten Mißbildungen an Armen und Beinen zur Welt. Das Medikament enthielt beide Enantiomere des chiralen Wirkstoffs Thalidomid. Beide wirkten als Schlafmittel, doch eines verursachte zudem Mißbildungen bei Embryonen. Thalidomid war zwar zuvor an Ratten getestet worden, hatte dort jedoch diese teratogene Wirkung nicht gezeigt, daher bestanden damals keine Bedenken, es zuzulassen. Erst nach dem Contergan-Skandal wurde das verhängnisvolle Medikament aus dem Verkehr gezogen. Als weitere Konsequenz erließ man verschärfte Arzneimittelgesetze.

Damit war das Kapitel Contergan jedoch nicht abgeschlossen. Es hat sich herausgestellt, daß die Substanz bei einigen Erkrankungen überaus wirksam ist und angewandt werden muß, so zum Beispiel bei der Behandlung von Lepra. Auch hemmt Thalidomid die körpereigene Synthese des sogenannten »Tumornekrosefaktors Alpha«, der eine wichtige Rolle im menschlichen Immmunsystem spielt. Wenn das Abwehrsystem ausgeschaltet werden muß, etwa nach einer Transplantation, gelingt das mit Thalidomid.

Auch andere Substanzen haben ein solches Auf und Ab in ihrer Wertschätzung erfahren. Dazu gehört beispielsweise das Insektizid DDT (Dichlor-Diphenyl-Trichlorethan). Seine Wirkung wurde 1939 von dem Schweizer Chemiker Paul Müller entdeckt, der dafür neun Jahre später mit dem Nobelpreis für Medizin ausgezeichnet wurde. Lange Zeit war DDT das meistverwendete Insektenvernichtungsmittel – bis sichtbar wurde, welche Folgen der großflächige Einsatz von DDT für bestimmte Tiere hat. Denn aufgrund seiner hohen Persistenz und Fettlöslichkeit reichert sich DDT im Fettgewebe von Warmblütern an. Im Verlaufe der Nahrungskette steigt dann die Konzentration immer weiter an. Berichte über Vögel, deren dünnwandige Eier beim Bebrüten zerbrachen, so-

I.G. Farben

Die Interessengemeinschaft Farbenindustrie AG, kurz I.G. Farben, war in der ersten Hälfte dieses Jahrhunderts einer der leistungsfähigsten Chemiekonzerne der Welt. Bereits 1904 schlossen sich die Badische Anilin- und Sodafabrik (BASF), die Actiengesellschaft für Anilinfabrikation Berlin (Agfa) sowie die Farbenfabriken vorm. Friedrich Bayer & Co., Elberfeld, zu einer lockeren Gemeinschaft zusammen. Ebenso vereinigten sich die Farbwerke vorm. Meister Lucius u. Brüning, Hoechst, mit der Cassella & Co., Frankfurt, der Kalle & Co., Wiesbaden, sowie der Chemischen Fabrik Griesheim-Elektron, Frankfurt, und den Chemischen Fabriken vorm. Weiler-ter Meer, Uerdingen, zu einer Interessengemeinschaft. Im Dezember 1925 erfolgte unter der Initiative von Carl Duisberg (Generaldirektor der Farbenfabriken Bayer) und Carl Bosch (Leiter der BASF) die Verschmelzung zu einem einzigen Konzern, der I.G. Farben. Die Fusion ermöglichte es, untereinander Preisabsprachen zu treffen, Forschungs- und Entwicklungsaufgaben zu koordinieren und damit die Stellung im internationalen Konkurrenzkampf zu verbessern. Auf dem Höhepunkt seiner Entwicklung ge-

wie Lebertumore bei Mäusen alarmierten die Öffentlichkeit. Nicht zuletzt das 1962 erschienene Buch der amerikanischen Biologin Rachel Carson (›Der stumme Frühling‹) führte dazu, daß die Anwendung von DDT in den meisten Ländern der Erde seit Beginn der siebziger Jahre verboten ist. In einigen Ländern der Dritten Welt wird jedoch weiterhin DDT hergestellt und verwendet – und das aus einem guten Grund: Denn dort bekämpft man mit dem Insektizid die Anopheles-Mücke, die Überträgerin der Malaria. In Sri Lanka beispiels-

hörten etwa 400 deutsche Firmen zum Konzern, die Belegschaft zählte 1944 rund 190 000 Werksangehörige.

Ein dunkles Kapitel in der Vergangenheit der deutschen chemischen Industrie ist das Dritte Reich. Die I.G. Farben wurde während des Zweiten Weltkriegs zu einem bedeutenden Machtfaktor, da der Konzern in großem Umfang wichtiges Kriegsmaterial und synthetischen Treibstoff produzierte. Im Verlauf des Krieges verstrickten sich die I.G.-Manager jedoch zunehmend in die kriminellen Machenschaften des NS-Regimes. Da Mangel an Arbeitskräften herrschte, wurden in den Betrieben ausländische Zwangsarbeiter, Kriegsgefangene und Häftlinge aus den Konzentrationslagern eingesetzt. *Zyklon B*, das Massenvernichtungsmittel, das in den Konzentrationslagern zur Ermordung von Millionen Juden eingesetzt wurde, stammte aus der Produktion der I.G. Farben. Auch in medizinische Experimente an Häftlingen war der Konzern verwickelt. Nach der Kapitulation wurde das ehemals größte deutsche Chemieunternehmen schließlich im September 1946 vom Aliierten Kontrollrat aufgelöst, um *jede Bedrohung seiner Nachbarn oder des Weltfriedens durch Deutschland künftig unmöglich zu machen.*

weise ging die Zahl der Malaria-Erkrankungen drastisch zurück, nachdem 1961 mit dem Einsatz von DDT begonnen wurde. Zwei Jahre später beschloß man, auf das Insektizid zu verzichten. 1968 wurde die Bekämpfung mit DDT jedoch wiederaufgenommen, denn die Krankheitsfälle häuften sich zusehends. Auch 1994, beim Ausbruch der Pest in Indien, erwies sich DDT als Retter in der Not. Mit dem Insektizid gelang es, der tödlichen Infektionskrankheit, die von Pestflöhen übertragen wird, Einhalt zu bieten. DDT ist ein Produkt der sogenannten Chlorchemie, einem Bereich der chemischen Industrie, der besonders umstritten ist. Zu den chlorhaltigen Substanzen gehören beispielsweise auch die Fluor-Chlor-Kohlenwasserstoffe, abgekürzt FCKW. Bei ihnen handelt es sich um kurze Kohlenwasserstoffmoleküle, deren Wasserstoffatome zum großen Teil gegen Halogenatome wie Fluor oder Chlor ausgetauscht sind. Verwendung finden die FCKW als Treibmittel in Spraydosen, als Blähmittel für Hartschäume oder in Kühlkreisläufen.

Wie man heute weiß, tragen diese Substanzen zu einem Abbau der atmosphärischen Ozonschicht um die Erde bei und vermindern so deren schützende Wirkung vor aggressiver UV-Strahlung. Der Grund dafür: Halogenierte Verbindungen sind in der Regel äußerst langlebig. Ohne auf der Erde abgebaut zu werden, steigen die Gase deshalb allmählich in die Stratosphäre und entfalten dort ihre verhängnisvolle Wirkung, indem sie – von der energiereichen Sonnenstrahlung in Radikale gespalten – mit Ozonmolekülen reagieren und diese zerstören. Deshalb haben sich, ausgehend vom sogenannten Montrealer Protokoll, die Industrieländer auf einen Ausstieg aus Produktion und Anwendung von FCKW geeinigt. Dieser ist bereits vollzogen; lediglich für die Entwicklungsländer gelten noch Übergangsfristen. Dennoch muß damit gerechnet werden, daß der Ozonabbau erst einmal voranschreiten wird, denn die Moleküle, die bereits vor vielen Jahren auf dem Erdboden freigesetzt worden sind, werden weiterhin in der Stratosphäre ihr Unheil anrichten.

Unter den chlorierten Substanzen ist Polyvinylchlorid, kurz PVC, ein weiterer Dauerbrenner in der öffentlichen Diskussion. Der von der I.G. Farben einstmals unter dem Markenzeichen Igelit vertriebene Kunststoff ist ungeheuer vielseitig. Aus PVC werden beispielsweise Rohre, Fensterrahmen, Bodenbeläge und Ummantelungen von Kabeln gefertigt, und aus PVC-Fasern entstehen schwerentflammbare Gewebe für Bezüge oder Vorhänge. Die Kritiker von PVC führen jedoch eine Reihe von Punkten gegen das Material ins Feld. Sie befürchten unter anderem, daß bei der Verbrennung von PCV hochgiftige Dioxine entstehen können. Das ist mittlerweile zwar eine weitverbreitete Meinung, Messungen bei diversen Bränden haben jedoch gezeigt, daß die Dioxinbelastung in der Umgebung der Brandherde unbedenklich war. Als wahrer »Glücksfall« bei diesen Untersuchungen hat sich ein Brand bei einem schwedischen Hersteller von Bodenbelägen erwiesen. Am 10. Januar 1987 brannte in Holmsund ein Lagerhaus mit 700 Tonnen PVC ab. Da Inversionswetterlage herrschte, wurde die Rauchfahne geradezu auf die Schneedecke in der Umgebung gedrückt, was eine exakte Analyse der Schadstoffe ermöglichte. Aus den Untersuchungsergebnissen wurde errechnet, daß bei dem gesamten Brand höchstens drei Milligramm Dioxin entstanden sein konnten, eine verschwindend geringe Menge.

Eine herausragende Eigenschaft von PVC ist zugleich ein Problem des Materials: Es ist sehr langlebig. Viele Jahre lang wurden Güter aus PVC vertrieben, ohne daß sich jemand Gedanken machen mußte, was einmal mit den ausgedienten Gegenständen passiert. Seit Beginn dieses Jahrzehnts entwickelt die Industrie, auch auf gesellschaftlichen Druck hin, nun ein Recyclingkonzept. Aus ausrangierten Fenstern, Rolläden oder Bodenbelägen entstehen wieder neue Artikel für den Baumarkt. Dieser Kreislauf ist jedoch vergleichsweise teuer, weshalb immer noch viele Altfenster auf der Deponie landen.

Da DDT, FCKW, PVC und viele andere Substanzen aus der Chlorchemie schon seit einigen Jahren Gegenstand heftiger öffentlicher Diskussionen sind, fordern einige Umweltverbände den Ausstieg aus der Chlorchemie. Die Industrie hält dagegen, auf die Nutzung von Chlor – dessen Gefahren man kenne und beherrsche – könne nicht verzichtet werden. Rund drei Millionen Tonnen des Halogens werden in

Deutschland jährlich hergestellt. Denn immerhin benötigt man für rund sechzig Prozent aller chemischen Erzeugnisse Chlor – wobei letztendlich Chloratome nur in etwa der Hälfte der Produkte enthalten bleiben.

Vor dem Hintergrund der anhaltenden Kontroverse hat sich auch der Deutsche Bundestag mit dem Problem beschäftigt. In seiner Enquetekommission »Schutz des Menschen und der Umwelt« bezogen die Volksvertreter Stellung zur Chlorchemie. Das mengenmäßig wichtigste Endprodukt, das PVC, haben sie darin nur geringfügig getadelt und sind bei ihren Untersuchungen zu dem Schluß gekommen, daß »eine ökologisch verträgliche Verwertung und Entsorgung von PVC-Produkten« möglich ist.

Bei alledem sollte man festhalten, daß Chlor kein »gutes« oder »schlechtes« Element ist. Chlor wird in der Produktion so häufig verwendet, da es sehr reaktionsfreudig ist. Mit seiner Hilfe können Chemiker eine Vielzahl unterschiedlicher Stoffgruppen aufbauen, die auf anderem Wege nur wesentlich schwieriger hergestellt werden könnten. Andererseits sind chlorhaltige Substanzen häufig langlebig und fettlöslich, was zu toxikologischen und ökologischen Problemen führen kann. Das rechtfertigt jedoch keine pauschale Verurteilung der Chlorchemie, vielmehr sollte eine differenzierte Betrachtung einzelner Stoffgruppen erfolgen, die auch bislang dazu geführt hat, daß die Anwendung von als problematisch oder giftig erkannten Stoffen eingeschränkt wurde.

Ein weiteres Risiko, das mit dem Betrieb chemischer Produktionsanlagen verbunden ist, ist ein Störfall. Hier können Mitarbeiter verletzt werden, die Umwelt kann Schaden nehmen oder es ergeben sich sogar Auswirkungen auf große Teile der Bevölkerung im Umland der Fabrik. So wurde etwa eine mehr als dreißig Hektar große Fläche über Nacht mit einem gelben Chemikaliengemisch überzogen, als im Februar 1993 bei der Hoechst AG der Inhalt eines Reaktionskessels durch das Sicherheitsventil entwich. Der Druck im Kessel war zu groß geworden, weil ein Arbeiter vergessen hatte, das Rührwerk einzuschalten. Bei der ausgetretenen Substanz handelte es sich um ortho-Nitroanisol, das offiziell als »mindergiftig« eingestuft ist. Außerdem war bekannt, daß die Verbindung in Langzeitversuchen bei Ratten Krebs auslösen kann. Um potentielle Gesundheitsschädigungen der betroffenen Bevölkerung zu vermeiden, mußten Arbeiter des Unternehmens die verseuchte Erde von Kleingärten, Spielplätzen und Sportanlagen in der Umgebung des Werks abtragen, zudem wurden Autos, Straßen und Dächer gereinigt.

Einer der bekanntesten Chemieunfälle trug sich 1976 im italienischen Seveso zu. Er trug erheblich dazu bei, die Öffentlichkeit in punkto Sicherheit chemischer Anlagen zu sensibilisieren, denn bei dem Störfall von Seveso ging eine Wolke Chemikalien auf die Umgebung nieder, die schätzungsweise drei Kilogramm des hochgiftigen 2,3,7,8-Tetrachlordibenzodioxins (TCDD) enthielt. Diese Substanz gehört zu einer ganzen Familie von ähnlich aufgebauten chemischen Substanzen, den Dioxinen und Furanen. Von diesen rund 200 Verbindungen sind etwa ein Zehntel giftig, darunter am stärksten das TCDD. Schon geringe Mengen davon sind für Versuchstiere tödlich, zudem erzeugt TCDD Krebs. Das TCDD in Seveso war bei der Herstellung von Trichlorphenol entstanden. Der Kesselinhalt geriet durch Fehler in der Produktion unter zu hohen Druck und wurde zu heiß. Schließlich entwich er durch ein Überdruckventil. Zu dem Zeitpunkt hatte sich in der überhitzten Mischung bereits das Gift gebildet. Zahlreiche Menschen aus der Umgebung der Unglücksfabrik erkrankten in der Folge an Chlorakne. Schuld daran war sicherlich auch die verspätete Reaktion der Behörden, die die Situation falsch einschätzten und erst Tage nach dem Unglück das Gelände evakuierten. Es starb jedoch niemand an der akut hohen Dioxinbelastung. Auch die in der Folgezeit genauestens festgehaltenen Krankheitsfälle in der Bevölkerung lassen keinen Hinweis darauf erkennen, daß es durch den Unfall zu einer größeren Häufigkeit an Krebs kam. Das läßt den Schluß zu, daß TCDD offenbar für Tiere, vor allem für Meerschweinchen, wesentlich gefährlicher ist als für Menschen.

Chemieunglücke können jedoch auch weitaus weniger glimpflich ablaufen. Bei der Katastrophe, die sich 1984 in der indischen Stadt Bhopal ereignete, starben mehrere tausend Menschen. In einer Fabrik entwich aus einem Lagertank Methylisocyanat, ein Zwischenprodukt für die Herstellung eines Pflanzenschutzmittels. Da die Flüssigkeit bereits bei 38 Grad Celsius siedet, bildete sich eine riesige Gaswolke und zog über ein weites Gebiet. Schätzungen gehen davon aus, daß rund 200 000 Menschen bei dem Unglück geschädigt wurden.

Zu der besonderen Tragik solcher Unfälle kommt manchmal noch, daß die Unternehmen versuchen, die Gefahren zu vertuschen oder zu verharmlosen. Gerade die vergangenen Jahre haben dafür wiederholt Beispiele geliefert. Das Vertrauen der Bevölkerung in die chemische Industrie hat darunter erheblich gelitten und den Stand der »Chemie« in der Öffentlichkeit noch schwerer gemacht.

Sorge um die Umwelt

In der weltweit zunehmenden Umweltverschmutzung sehen viele Menschen die größte Bedrohung für sich und ihre Nachkommen. Nahezu an jedem Fleck auf der Erdkugel finden sich offenbar Rückstände von Chemikalien; sie lauern in Nahrungsmitteln, im Trinkwasser oder in der Muttermilch. Dazu kommen Ozonloch und Treibhauseffekt, verschmutzte Weltmeere und »umgekippte« Gewässer. All diese Mißstände werden häufig der chemischen Industrie und ihren Erzeugnissen angelastet. In der Tat ist die Industrie in ihren Anfangszeiten nicht gerade rücksichtsvoll mit der Umwelt und den Ressourcen umgegangen. Doch vermehrte Erkenntnis und nicht zuletzt der öffentliche Druck haben viele Betreiber zum Umdenken gezwungen. Mittlerweile steckt die Industrie hohe Summen in ihre Umweltbemühungen, sei es, daß Verfahren optimiert und Abfälle konsequent vermieden werden oder daß umstrittene Produkte und Inhaltsstoffe ersetzt werden. Phosphatfreie Waschmittel, die statt des Phosphats von Chemikern entwickelte synthetische Ersatzstoffe enthalten, Benzin ohne Bleizusatz oder Katalysatoren als Abgasentgifter sind nur drei von vielen Beispielen für diese Anstrengungen.

Immer mehr Menschen leben auf der Erde. Etwa 5,8 Milliarden sind es zur Zeit, Schätzungen gehen davon aus, daß es in dreißig Jahren bereits 8,5 Milliarden sein werden. Sie alle benötigen zumindest Nahrung, Kleidung sowie Unterkunft. Diese Bedürfnisse können nicht allein aus natürlichen Ressourcen gedeckt werden. Hier ist die Industrie gefragt, ob sie nun Dünger und Pflanzenschutzmittel bereitstellt, die die Erträge in der Landwirtschaft vervielfachen, wirksame Medikamente gegen Krankheiten liefert oder Materialien für die Bauwirtschaft und textile Erzeugnisse produziert. Viele dieser Produkte kann man im Einklang mit der Umwelt herstellen, verwenden und entsorgen. Aber es gibt natürlich auch Stoffe, die offensichtlich umwelt- oder gesundheitsschädlich sind. Wenn das durch sie verursachte Risiko in einem ungünstigen Verhältnis zu ihrem Nutzen steht, müssen diese Substanzen aus dem Verkehr gezogen werden. Das Problem ist, daß Gefahren und ihre Wirkung oftmals zeitlich verzögert auftreten. Die FCKW etwa, die heute die Ozonschicht zerstören, sind bereits vor vielen Jahrzehnten freigesetzt worden. Damals wußte niemand um ihre gefährliche Wirkung.

Heute ist die Gefahr erkannt und gesetzlich reguliert, aber leider noch nicht gebannt. Damit sie aber überhaupt erkannt werden konnte, war natürlich ebenfalls »Chemie« nötig, denn erst die chemische Forschung ermöglichte es überhaupt, verminderte Ozonkonzentrationen in der Stratosphäre zu messen und Zusammenhänge wie den zwischen FCKW und Ozonabbau aufzuklären. Dieses Beispiel macht klar, daß Umweltschutz und Chemie siamesische Zwillinge sein müssen. So wenig die Menschen auf chemische Produkte – also die chemische Synthese – werden verzichten können, noch weniger dürfen sie auf chemischen Erkenntnisgewinn – die Analyse – verzichten; dabei muß chemisches Denken natürlich gestützt sein von der Sorge um Mensch und Umwelt.

Ob man Dioxin in der Muttermilch findet oder Pflanzenschutzmittel im Trinkwasser nachweist – enthüllt werden diese Mißstände stets mit Hilfe der Analytik. Seit ihren Anfängen vor über hundert Jahren hat sie sich bedeutend weiterentwickelt, heutzutage ist es kein Problem mehr, das oft zitierte Stück Würfelzucker im Bodensee zu finden. Modernste Verfahren und Geräte lassen es zu, Konzentrationen wie ppm (Parts per Million, also 1:1 000 000) oder ppb (Parts per Billion, 1:1 000 000 000) anzugeben. Das ist jedoch nicht unproblematisch, denn durch die erhöhte Empfindlichkeit der Methoden lassen sich natürlich auch immer mehr Stoffe an immer mehr Orten nachweisen. Ob diese geringen Gehalte schädlich sein können, ist damit jedoch nicht immer gesagt. Und Aussagen über mögliche anthropogene Quellen von »Verschmutzungen« müssen bei der Spurenanalyse leider häufig im Bereich der Mutmaßungen bleiben. Man darf nicht übersehen, daß Millionen sehr kompliziert aufgebauter chemischer Substanzen *natürlichen* Ursprungs die Welt »bevölkern«. Es ist nachgewiesen worden, daß die giftigsten Stoffe, die man kennt, nicht von Menschenhand geschaffen wurden, sondern von Pilzen.

Das gestiegene Umweltbewußtsein ist bei vielen Menschen verbunden mit dem Wunsch nach einer »natürlichen« Lebensführung und entsprechenden Produkten. Schon das Wort »Chemie« kann bedauerlicherweise negative Assoziatio-

nen hervorrufen, wie es keine andere Wissenschaftsbezeich-
nung tut. Diesem Trend folgend findet man im Handel eine
Reihe von Produkten mit der Auszeichnung: *ohne Chemie*! Das
kann bedeuten, daß das Produkt frei von künstlichen Zusatz-
stoffen ist, nicht mehr. Materie ist immer auch Chemie: Alle
in der Natur vorkommenden Substanzen setzen sich aus Molekülen und Atomen zusammen. »Chemie« ist nicht der Gegensatz zu »natürlich«. Mehr Kenntnis, mehr Erkenntnis!
Vielleicht, hoffentlich hat dieses Buch dazu beigetragen: Wir
leben und denken *mit Chemie*!

Glossar

Alphateilchen
Schwere Atomkerne senden bei radioaktivem Zerfall spontan Alphateilchen aus. Diese bestehen aus zwei Protonen und zwei Neutronen.

Atommasse
Dieser auch als Atomgewicht bezeichnete Wert ist eine relative, dimensionslose Größe. Als Standard für die Atommasse wird das Kohlenstoff-Isotop ^{12}C herangezogen. Ein Mol ^{12}C wiegt 12 Gramm. In grober Näherung ist die Atommasse die Summe aus der Anzahl der Protonen und der Neutronen.

Deuteronen
So nennt man die einfach positiv geladenen Atomkerne des Deuteriums (^{2}H). Sie bestehen aus einem Proton und einem Neutron.

Dichte
Die Dichte eines Stoffes ist das Verhältnis seiner Masse zum Volumen. Die Angabe erfolgt meist in Gramm pro Kubikzentimeter. Die Dichte von Wasser beträgt bei 4 Grad genau 1 g/cm^3. Eis besitzt dagegen nur eine Dichte von 0,917 g/cm^3 und schwimmt deshalb auf der Wasseroberfläche. Das Element mit der größten bekannten Dichte ist Iridium (22,61 g/cm^3).

Elektron
Negativ geladenes Elementarteilchen, das sich in der Hülle eines Atoms befindet. Die exakte elektrische Ladung beträgt $-1,6021 \cdot 10^{-19}$ C und entspricht damit dem Zahlenwert der Ladung eine Protons, aber mit umgekehrtem Vorzeichen. Die Masse eines Elektrons ist mit $9,109 \cdot 10^{-31}$ kg äußerst gering.

Element

Im Lateinischen bedeutet *elementum* Urstoff oder Grundstoff. Ein chemisches Element ist ein Stoff, der mit chemischen Mitteln nicht weiter aufzutrennen ist. Die meisten chemischen Elemente können sich zu Verbindungen vereinigen und lassen sich aus diesen wieder isolieren.

Halbwertszeit

Gibt die Zeitspanne an, in der die Hälfte der ursprünglich vorhandenen Atome eines radioaktiven Elements zerfallen ist. Im gleichen Maße klingt auch die radioaktive Strahlung ab. Das Nuklid ^{238}Uran hat eine Halbwertszeit von 4,51 Milliarden Jahren. Atomkerne des Elements Nr. 112, die 165 Neutronen aufweisen, besitzen dagegen lediglich eine Halbwertszeit von weniger als einer Millisekunde.

Isotope

Verschiedene Sorten eines Elements, dessen Atome unterschiedliche Neutronenzahlen aufweisen können. Das Isotop ^{238}Uran etwa verfügt über 92 Protonen und 146 Neutronen; ^{235}Uran dagegen nur über 143 Neutronen. Isotope eines Elements bestehen zwar aus unterschiedlich schweren Atomen, stehen aber am gleichen Platz im Periodensystem (griechisch *isos*: gleich und *topos*: Platz).

Neutron

Am Aufbau des Atomkerns beteiligtes Elementarteilchen. Es besitzt keine elektrische Ladung (Name vom lateinischen *neutrum*: keines von beiden) und hat eine Masse von $1,6748 \cdot 10^{-27}$ kg.

Nuklid

Ein Nuklid ist ein Atom, das charakterisiert wird durch die Anzahl seiner Protonen sowie seiner Neutronen. Die Anzahl der Protonen ist gleich der Ordnungszahl. Die Anzahl der Neutronen ergibt sich aus der Differenz der Massenzahl und der Ordnungszahl.

Orbital

Von lateinisch *orbis*: Umlauf. Im wellenmechanischen Atommodell der Ort höchster Aufenthaltswahrscheinlichkeit der Elektronen.

pH

Der Ausdruck »pH« stammt von einem Wissenschaftler, der die komplizierten Zahlenwerte für die Konzentration der Wasserstoffionen vereinfachen wollte. Er schlug vor, lediglich den negativen dekadischen Logarithmus zu verwenden und als »Wasserstoffexponenten« zu bezeichnen. Anfangs schrieb man das »H« als kleinen Index an das »p«: p_H. Doch auf den Schreibmaschinen war dies zu mühsam, weshalb man heute pH schreibt und schlicht »pe-ha« sagt.

Polar

Abgeleitet von griechisch *polos*: Achse in dem Sinne: an den Polen befindlich. Atome unterschiedlicher Elektronegativität ziehen die gemeinsamen Bindungselektronen verschieden stark an. Da sich die Elektronen dann näher an einem Atom aufhalten als am anderen, resultiert dort eine negative Teilladung. Am anderen Ende der polaren Bindung wird dagegen eine positive Teilladung erzeugt.

Polymer

Aus dem Griechischen von *poly*: viel und *meros*: Teil. Bezeichnung für sehr große Moleküle (Makromoleküle), die aus chemisch einheitlichen Bausteinen, den Monomeren (griechisch *monos*: eins), zusammengesetzt sind. Polymere kommen auch natürlich vor; Kautschuk sowie Cellulose sind Beispiele dafür.

Proton

Positiv geladenes Elementarteilchen, das am Aufbau des Atomkerns beteiligt ist. Die elektrische Ladung beträgt $1{,}6021 \cdot 10^{-19}$ C und neutralisiert somit exakt die Ladung eines Elektrons. Die Masse eines Protons beträgt $1{,}6725 \cdot 10^{-27}$ kg.

Saurer Regen
Regenwasser ist stets leicht sauer, da es Kohlendioxid aus der Luft löst. Liegt der pH-Wert jedoch unterhalb 5,6, spricht man vom Sauren Regen. Im Niederschlag sind dann zusätzliche Stickoxide und Schwefeloxide gelöst, die aus Verbrennungsmotoren von Kraftfahrzeugen und Industrieanlagen stammen. Der Saure Regen schädigt vor allem Bäume sowie Bauwerke, er verändert zudem den pH-Wert von Böden und Gewässern.

Wasserstoff-Brückenbindung
Sie entsteht zwischen einem Wasserstoffatom, das an ein elektronegatives Atom wie Sauerstoff oder Fluor gebunden ist, und dem freien, nichtbindenden Elektronenpaar eines anderen elektronegativen Atoms. Das Wasserstoffteilchen befindet sich dann gleichsam zwischen beiden Bindungspartnern. Häufig sind Wasserstoff-Brückenbindungen für einen besonders festen Zusammenhalt von zwei oder mehr Molekülen verantwortlich. Sie können allerdings bei geeigneter Geometrie auch innerhalb eines Moleküls auftreten.

Weitere Literatur

Wen diese Einführung neugierig gemacht hat auf moderne chemische Forschung, der sollte weiterlesen:
›Chemie der Zukunft – Magie oder Design?‹ von Philip Ball, VCH, Weinheim 1996.
Der Autor, Redakteur beim renommierten Wissenschaftsmagazin ›Nature‹, berichtet flüssig und leicht verständlich über die jüngsten Ergebnisse aus chemischen Laboratorien sowie ihre Bedeutung im Alltag.

Folgender Sammelband vereint Beiträge zu ausgewählten Fachgebieten chemischer Forschung, die von Wissenschaftlern in ›Spektrum der Wissenschaft‹ präsentiert wurden:
Chemische Forschung: zwischen Grundlagen und Anwendung. Hrsg. Gerhard Wegner, Spektrum, Akad. Verlag, Heidelberg 1996.

Dieses dicke Lehrbuch sei denjenigen empfohlen, die mehr (oder alles) über Chemie wissen wollen:
›Chemie: einfach alles‹ von Peter W. Atkins und Jo A. Beran, VCH, Weinheim 1996.

Zum Nachschlagen einzelner Stichworte sehr hilfreich: »der Römpp«. Das Lexikon erscheint mittlerweile in der zehnten Auflage; daneben gibt es Einzelbände zu Stichworten wie »Naturstoffe« oder »Umwelt«.
›Römpp-Lexikon Chemie‹, Hrsg. Jürgen Falbe und Manfred Regitz, Thieme Verlag, Stuttgart 1996.

Lucien Trueb, bis zu seiner Pensionierung Wissenschaftsredakteur bei der ›Neuen Zürcher Zeitung‹, unternahm Streifzüge auf sämtliche Kontinente, um alle chemischen Elemente an Ort und Stelle zu besuchen. Das Buch bietet eine Fülle von oftmals überraschenden Details zu Vorkommen und Gewinnung jedes Elements sowie seiner Eigenschaften.

›Die chemischen Elemente – ein Streifzug durch das Periodensystem‹, von Lucien F. Trueb, Hirzel Verlag, Stuttgart 1996.

Einige ausgewählte Chemikalien, mit denen wir es täglich zu tun haben, beleuchtet das folgende Buch. Darunter sind Zucker und künstliche Süßstoffe, Alkohol und Parfum, aber auch umstrittene Stoffe wie PVC, deren Nutzen und Risiken detailliert dargestellt werden.

›Parfum, Portwein, PVC ...: Chemie im Alltag‹ von John Emsley, Wiley-VCH, Weinheim 1997.

Eine umfassende Darstellung der historischen Entwicklung, die die chemische Industrie in Deutschland nahm, findet sich in:

›Geschichte der deutschen Großchemie‹ von Walter Teltschik, VCH, Weinheim 1992.

Vielleicht fehlt jemandem nach soviel Theorie etwas »Praxis«. Mit einer CD, ›Corel ChemLab‹, läßt sich das nachholen. Im virtuellen Chemielabor kann man unbeschadet experimentieren und beispielsweise beobachten, wie sich ein Zinkstückchen in Säure auflöst.

Die Analogie liegt nahe: die Küche als Labor, das Rezept als Versuchsvorschrift. Ein Chemiker und Feinschmecker lüftet die Geheimnisse des Kochtopfs und klärt über die chemischen Vorgänge etwa beim Garen von Gemüse oder Backen von Soufflés auf.

›Die Geheimnisse des Kochtopfes‹ von Hervé This-Benckhard, Springer Verlag, Berlin 1996.

Register

Naturwissenschaftliche Einführungen im <u>dtv</u>

Herausgegeben von Olaf Benzinger

Die Wissenschaft vom Lebendigen

Wörterbuch Biologie

Von Gertrud Scherf
Originalausgabe
dtv 32500

Als Wissenschaft vom Lebendigen erforscht die Biologie die Beziehungen von Organismen zueinander und zu ihrer Umwelt sowie die Vorgänge, die sich in lebenden Systemen abspielen. Das ›Wörterbuch Biologie‹ erklärt in rund 4500 Stichwörtern alle wichtigen Fachbegriffe aus der allgemeinen und speziellen Biologie. Es informiert wissenschaftlich exakt und zugleich allgemeinverständlich über die zentralen Bereiche der Biologie: von der Molekular-, Immun-, Evolutions-, Verhaltens-, Mikro- und Neurobiologie bis zur Morphologie, Cytologie, Genetik oder Ökologie. Relevante Fachbegriffe aus der systematischen Zoologie und Botanik, der Stoffwechsel- und Bewegungsphysiologie sowie Fortpflanzungs- und Entwicklungsbiologie sind gleichfalls berücksichtigt.
Mit 27 Abbildungen, einem tabellarischen Überblick zur Systematik der Organismen und einer Bibliographie.

dtv

Naturwissenschaft im dtv

John D. Barrow
**Warum die Welt
mathematisch ist**
dtv 30570

William H. Calvin
**Der Strom, der bergauf
fließt**
Eine Reise durch die
Chaos-Theorie
dtv 36077
**Die Symphonie des
Denkens**
dtv 30467
**Wie der Schamane den
Mond stahl**
Auf der Suche nach dem
Wissen der Steinzeit
dtv 33022

**Chaos, Quarks und
Schwarze Löcher**
Das ABC der neuen
Wissenschaften
Hrsg. von Ib Ravn
dtv 33011

Jack Cohen, Ian Stewart
Chaos und Antichaos
Ein Ausblick auf die
Wissenschaft des 21. Jhs.
dtv 33003

Richard E. Cytowic
**Farben hören, Töne
schmecken**
Die bizarre Welt der Sinne
dtv 30578

Antonio R. Damasio
Descartes' Irrtum
Fühlen, Denken und das
menschliche Gehirn
dtv 33029

Hoimar von Ditfurth
**Die Wirklichkeit des
Homo sapiens**
Naturwissenschaft und
menschliches Bewußtsein
dtv 33000
**Im Anfang war der
Wasserstoff**
dtv 33015

Hans Jörg Fahr
**Zeit und kosmische
Ordnung**
Die unendliche Geschichte
von Werden und
Wiederkehr
dtv 33013

Karl Grammer
Signale der Liebe
Die biologischen Gesetze
der Partnerschaft
dtv 33026

Jean Guitton, Grichka und
Igor Bogdanov
**Gott und die
Wissenschaft**
Auf dem Weg zum
Meta-Realismus
dtv 33027

Naturwissenschaft im <u>dtv</u>

Stephen Hart
Von der Sprache der Tiere
dtv 33012

Gerald Hühner
»Zwei mal zwei ist vier?«
Mutmaßungen über
Selbstverständliches
dtv 33004

Lawrence M. Krauss
**»Nehmen wir an, die Kuh
ist eine Kugel...«**
Nur keine Angst vor
Physik · dtv 33024

Philip Johnson-Laird
Der Computer im Kopf
Formen und Verfahren der
Erkenntnis · dtv 30499

Josef H. Reichholf
**Das Rätsel der
Menschwerdung**
Die Entstehung des
Menschen im Wechselspiel
mit der Natur · dtv 33006

Paul Scheipers
**Menschen, Mars und
Moleküle**
Ein naturwissenschaftli-
ches Kaleidoskop
dtv 33023

Ian Stewart
**Die Reise nach
Pentagonien**
16 mathematische Kurz-
geschichten · dtv 33014

Frederic Vester
**Denken, Lernen,
Vergessen**
Was geht in unserem Kopf
vor? · dtv 33045
Neuland des Denkens
Vom technokratischen
zum kybernetischen
Zeitalter · dtv 33001

Was treibt die Zeit?
Entwicklung und
Herrschaft der Zeit in
Wissenschaft, Technik
und Religion
Hrsg. von Kurt Weis
dtv 33021

What's what?
Naturwissenschaftliche
Plaudereien
Hrsg. von Don Glass
dtv 33025

Das neue What's what
Naturwissenschaftliche
Plaudereien
Hrsg. von Don Glass
dtv 33010

Berthold Wiedersich
Das Wetter
Entstehung, Entwicklung,
Vorhersage · dtv 30552

Fred Alan Wolf
Die Physik der Träume
Von den Traumpfaden der
Aboriginies bis ins Herz
der Materie · dtv 33005

Wissen zum Nachschlagen:
dtv-Wörterbücher

Wörterbuch Biologie
Von Gertrud Scherf
Mit rund 4500 Stichwörtern
dtv 32500

**Wörterbuch Kirchenge-
schichte**
Von Georg Denzler und
Carl Andresen
Mit über 700 Stichwörtern
dtv 32503

Wörterbuch Archäologie
Von Andrea Gorys
Mit rund 850 Einträgen
dtv 32504

Wörterbuch Medizin
Mit über 500 farbigen Ab-
bildungen und 70 Tabellen
dtv 32505

Wörterbuch Pädagogik
Von Horst Schaub und
Karl G. Zenke
Mit rund 1500 Stichwörtern
dtv 32510

**Etymologisches Wörter-
buch des Deutschen**
Herausgegeben von Wolf-
gang Pfeifer
Mit über 8000 Einträgen
dtv 32511

Wörterbuch Psychologie
Von Werner D. Fröhlich
Mit 2200 Stichwörtern
dtv 32514

Wörterbuch der Chemie
Mit rund 3500 Fachbe-
griffen, 466 Abbildungen
und 56 Tafeln
dtv 3360

**Wörterbuch zur Astrono-
mie**
Von Joachim Herrmann
Mit 3500 Einträgen,
zahlreichen Grafiken
und Tabellen
dtv 3362

dtv